KB052535

STOP

## (사)한국도시설계학회 홍보 안전디자인연구회 도시디자인연구 포럼

| | |
|---|---|
| 정규상 | (사)한국도시설계학회 홍보 안전디자인연구회 위원장 |
| 이현성 | (사)한국도시설계학회 홍보 안전디자인연구회 부위원장 |
| 김승희 | 파주시청 도시개발과 도시디자인팀장 |
| 김아람 | 울산시청 도시창조과 주무관 |
| 김영훈 | 구미시청 건설도시국 도시디자인과 주무관 |
| 박 신 | 익산시청 도시개발과 도시경관계 시설6급 |
| 박재익 | 춘천시청 건설국 경관과 디자인담당 팀장 |
| 박재호 | 서울시청 도시공간개선단 공공시설디자인팀 주무관 |
| 박춘석 | 포항시청 건설안전도시국 도시재생과 임기제시설6급 |
| 배임선 | 용인시청 도시디자인담당관 공공디자인팀장 |
| 서승만 | 국민안전문화협회 회장 |
| 서희봉 | 김포시청 도시개발국 도시계획과 주무관 |
| 신서영 | (사)한국도시설계학회 홍보 안전디자인연구회 연구원 |
| 신재령 | 시흥시청 도시교통국 경관디자인과 도시디자인팀장 |
| 신혜정 | 대구광역시 중구청 도시관광국 도시경관과 주무관 |
| 오기수 | 경상남도 거창군청 기획감사실 공보담당 주무관 |
| 윤정우 | (사)한국도시설계학회 홍보 안전디자인연구회 위촉전문위원 |
| 이백호 | 울산시청 도시창조과 공공디자인 담당 사무관 |
| 이형복 | 대전발전연구원 책임연구위원 |
| 임현택 | 4·16세월호 특별조사위원회 기획행정팀장 |
| 장영호 | 서울특별시 도시공간개선단 공공시설디자인팀장 |
| 장진우 | 수원시청 전략사업국 도시디자인과 도시디자인팀장 |
| 정수진 | 수원시정연구원 도시디자인센터장 |
| 채완석 | 경기도청 건축디자인과 공공디자인팀장 |
| 황인진 | 한국도로공사 설계부 차장 |

디자인전문가들이 바라보는 안전디자인 사례와 방향

# 안전디자인으로 대한민국 바꾸기

(사)한국도시설계학회 홍보 안전디자인연구회 엮음

## 도시요소의 정온화를 통한 안전도시를 바라며

제인 제이콥스(Jane Jacobs, 1916~2006)의 책을 통해 우리는 '길 위의 눈(Eyes on the Street)', '사회자본(Social Capital)'의 개념을 처음 접하게 되었다. 이는 도시가 움직이고 지속가능하며 생태적인 관점에서 활성화되어야 한다는 발상의 전환을 유도했다. 여기서 지속가능한 도시공간 생태계를 이루는 가장 중요한 요소가 바로 '안전'이다. 안전이란 단순히 통제와 규제를 통해 얻을 수 있는 '상황'에 대한 개념을 넘어선다. 그것은 사람, 삶, 활동, 행위, 기능, 형태 등 도시공간을 이루고 있는 다양한 요소들이 정온화(靜穩化)되어 어떠한 문제가 생기지 않는 최적의 이상적 상황을 이루는 것에 궁극적인 목적을 가진다. 안전디자인은 바로 이러한 개념에서 새로운 전략과 방법, 체계 등을 갖추고 실현되어야 한다. 즉 도시를 규제하기보다 오히려 활성화시키는 방향으로 안전디자인의 핵심전략을 논해야 할 것이다. 또한 지금의 일시적 현상과 문제를 즉각적으로 해결하는 방식이 아니라 삶의 무대인 도시를 위해 꾸준히 실천해야 할 대상으로 접근해야 한다.

본 책자는 디자인 행정가, 정책가를 중심으로 이러한 개념의 '안전디자인'을 연구하고자 모인 전문가들의 의견과 비전 등을 담고 있다. 멈추어 있지 않고 새로운 변화와 시도에 열정을 가진 이러한 전문가들이 있는 한 우리 도시공간의 미래 또한 '안전'하다고 볼 수 있다.

(사)한국도시설계학회 홍보 안전디자인연구회 위원장
협성대학교 시각디자인과 교수 **정 규 상**

PROLOGUE 04
CONTENTS 06

# INTRO

'안전'에 대한 화두 10
도시 안전을 위한 디자인 12
안전디자인 beyond 안전 14

# TOPIC

#1. 파주시 범죄예방 도시설계 디자인을 위한 기본 가이드라인 16
#2. 경기도 내 보도육교에 대한 안전디자인 28
#3. 용인시 주차구역 표시를 위한 디자인 가이드라인 개발 32
#4. 북유럽 자전거 길_ 자전거를 안전하게 즐기는 방법 48
#5. 민관 협력 네트워크 구축을 통한 '안심마을 표준모델 시범사업'_ 경남 거창군 북상면 56
#6. 안전한 보행환경과 상권 활성화를 위한 구미시 문화로 디자인거리 조성사업 82
#7. 지역환경 개선을 위한 CPTED_ 시흥시 정왕동 '노란별길' 92
#8. 해양과 안전디자인 100
#9. 범죄예방을 위한 공원의 CPTED 적용방안 106
#10. 전북 익산시의 자치안전 프로그램, 범죄안전디자인 130
#11. 산업안전디자인, 범죄예방디자인 용역사례 142
#12. 보행안전디자인_ 보행자를 위한 걷고 싶은 거리 154

#13. 우범지역 환경개선_ 희망길 조성사업 164
#14. 해양 안전디자인 178
#15. 춘천, 모두를 위한 안전공간 만들기 프로젝트 200
#16. 걷고 싶은 도시, 안전도시를 위한 공공시설물 212
#17. 주민이 만들고 지키는 생활환경의 안전 224
#18. 도시 안전디자인 관련법과 정책 현황 232

# SUPPLEMENT

기고문1. 다중이용시설 안전을 위한 안내정보디자인 68
기고문2. 안전디자인 아젠다(Safety Design Agenda) 122
기고문3. 안전을 위한 더 나은 공공공간 192
기고문4. 안전운행을 위한 고속도로 공간환경디자인 개선사업 242

RELATED NEWS 252
WRITING STAFF 256
PUBLISHING INFORMATION 268

# INTRO

# '안전'에 대한 화두

2014년 육역 및 해양에서 발생한 대형 재난사고로 인해 그 어느 때보다 '안전'이 큰 화두로 떠오르고 있다. 이에 정부는 안전관리의 일원화와 총체적인 관리를 위해 '국민안전처(2014.11월부터)'를 신설하여 관련 정책을 수립, 운영하는 등 국민 안전성 강화를 위해 여러 방면으로 고심하고 있다. 해당 기관의 안전관리 대상에는 자연재해와 화재로 인한 대형 사고뿐 아니라 일상에서 발생하는 생활안전, 교통·보행안전, 범죄안전 등 다양한 영역이 포함되었다. 이러한 시점에서 디자인이 '안전'을 위해 어떠한 역할을 할 수 있을까?

'안전'은 삶의 기본 욕구이자 사회적 존재로서 보장받아야 할 필수적인 가치이다. 때문에 생활 속 안전에 대한 의식이 특별히 외면된 적은 없었다. 그러나 최근 국내의 인식은 새로운 도시공간 가치의 패러다임으로 대두되었던 쾌적성, 친환경성, 지속가능성 등의 키워드와 같이 '안전성' 또한 주거의 질을 결정하는 1순위 가치로 주목하는 듯하다. 이는 아마 잦은 사건 사고로 인한 불안과 우려의 결과일 것이다. 즉 안전에 대한 국가적·국민적 관심이 확장될수록 안전성은 도시의 가치와 경쟁력을 제고시킬 핵심 조건으로 작용될 것이다.

그러나 도시 기반시설이 대형화, 과밀화되어 갈수록 사고 시 인명과 재산 피해의 규모는 기하

급수적으로 증가하고 있다. 비단 대형 사고뿐 아니라 속도와 효율 중심의 도시화 과정은 차량 중심의 도로 구조를 이루어 소수 보행자의 느린 이동을 방해함으로써 일상의 안전을 위협하고 있다. 특히 범죄사고의 경우, 지역사회의 여건에 따라 발생 빈도율에 차이를 보임으로써 안전에 대한 선행적·예방 차원의 관리가 얼마나 중요한지를 증명하고 있다. 그동안 안전사고 대비를 위한 각종 제품과 매뉴얼이 개발되기도 하였으나 실행력 부족으로 제대로 활용되지 못한 채 아이디어에 그치는 경우가 많았다. 그러나 근래 겪었던 사고의 대다수가 인재(人災)로 인한 것이었다는 점에서 안전 확보를 위한 실행전략에 대해 다시 한번 깊이 고민해야 할 시점이라 생각된다.

그렇다면 '안전한 도시'가 갖추어야 할 조건은 무엇일까. 국내에서도 2002년 수원시를 시작으로 제주시, 원주시, 서울의 송파구 등 몇몇 도시가 인증받은 WHO 국제 안전도시 기준에 따르면 안전도시란 '모든 사람이 건강하고 안전한 삶을 누릴 동등한 권리를 갖는 도시'이다. 또한 행정안전부가 추진코자 하는 한국형 안전도시는 '안전·안심·안정된 지역을 만들기 위해 지역사회 구성원들이 합심, 노력하는 안전 공동체를 형성하여 각종 안전사고와 재난 예방을 위한 환경을 개선해 가는 지역 및 도시'로 정의되고 있다. 즉 사고가 발생할 수 없는 완벽한 환경적 여건을 갖추고 있는 곳이라기보다 사고 예방을 위한 지역민의 협력과 구성원의 활동으로 인해 물리적·사회적으로 안전성이 증대

# 도시 안전을 위한 디자인

될 수 있는 지역임을 의미한다. 초기 도시계획 단계에서의 공간 설계는 안전한 도시를 형성하는 기틀이 된다. 과거 산업화 과정에서의 기계, 속도, 경제 중심의 합리적 접근은 많은 시행착오를 거쳐 사람과 그들의 관계, 정신적 가치를 중시하는 '안전도시'의 정의에 가까운 방향으로 차차 전환되고 있다. 그러나 이미 특정 형태나 성격으로 고착된 도시에 대해서는 다음의 디자인적 방법론이 안전을 증대시키는 차선책으로 작용될 수 있을 것이다.

대표적인 예로 셉테드(CPTED), 유니버설 디자인은 도시정책 과정에서 체감적이며 실효성 있는 안전디자인 전략으로 주목받아 일부 법령의 시행방안으로 제시되고 있다. 셉테드란 '환경설계를 통한 범죄예방 건축설계기법(Crime Prevention Through Environmental Design)을 지칭하는 용어이다. 범죄학, 건축학, 도시공학 등에서 응용되고 있으며 시설뿐 아니라 범죄를 예방하기 위한 환경을 조성하는 기법이나 제도를 통칭한다. 이의 기본전략은 접근 통제, 감시 강화, 영역 확보와 같은 물리적 장치와 신뢰도 강화, 친밀도 향상, 사회적 유대감 확보와 같은 사회적 장치 영역으로 구분된다. 실제로 영국이나 미국 등 해외에서는 셉테드를 적용하여 범죄율을 감소시키는 데 큰 효과를 거둔 것으로 알려졌다. 국내에서도 2000년대 이후부터 이에 대한 관심이 증가하여 2005년 경찰청에서 CPTED 추진 계획을 수립한 이래 서울시 및 신도시를 중심으로 CCTV 설치와 같은 방법이 시

도되고 있으며, 특히 서울시의 경우 이의 원리를 적용한 '여행(女幸) 프로젝트', '마포구 염리동 소금길 시범사업' 등 다양한 프로젝트를 선도적으로 실행하여 지역 안정과 애착심을 고취시키는 효과를 얻은 것으로 평가되고 있다.

유니버설 디자인이란 '장애의 유무나 연령 등에 관계없이 모든 사람들이 제품, 건축, 환경, 서비스 등을 보다 편하고 안전하게 이용할 수 있도록 보편적으로 설계하는 것'을 의미한다. 이를 처음 주장한 미국의 메이스(Ronald Mace)는 초기 유니버설 디자인 4원리에 기능적 지원성, 수용성, 접근성과 함께 안전성을 포함시켰다. 이때 안전성이란 '위험 요소를 제거하여 안전사고를 미연에 방지하고 건강과 복지를 증진시키며 개선적·예방적'인 특성으로 설명되었다. 차후 보다 구체화된 7원칙을 분석해 보면 제5원칙인 '오류에 대한 포용력', 제6원칙 '적은 신체적 노력' 등에 안전성과 관련된 지시 사항이 포함되어 있다고 판단할 수 있다.

이렇듯 셉테드와 유니버설 디자인은 각각 범죄로부터의 물리적·비물리적 방어, 모든 사용자의 공평한 사용을 위한 편의성 확보를 목적으로 한다는 점에서 안전을 위한 대표적인 디자인 방법론이자 체계화된 이론으로 인식되고 있다.

# 안전디자인 beyond 안전

그러나 셉테드와 유니버설 디자인만으로는 무언가 부족하다. 교통사고, 스포츠 안전사고, 산업재해 등 사고의 유형과 원인이 너무나 다양하기 때문이다. 또한 궁극적으로 안전·안심·안정을 꾀하는 도시의 모습을 이루기 위한 방법이라 하기엔 전자의 경우 범죄예방과 시설의 편의성 강화 전략에 편중되어 있다.

시민이 건강하고 안정감을 느끼면서도 생동감 있는 안전한 도시... 우리는 선행사례에서 이의 전략에 대한 몇 가지 힌트를 얻을 수 있다. 예를 들어 휴먼스케일에서 벗어난 블록 사이, 또는 슬럼화된 광장에 지역의 유명 레스토랑이나 카페에 세금 관련 인센티브를 주고 입점토록 설득하여 상업활동이 이루어지도록 유도하는 것(미국 오리건주 포틀랜드), 도시 중심부를 24시간 활력 있는 공간으로 만들기 위해 야간 시장이나 심야 축제를 개발하는 것(호주 멜버른), 이용률이 낮은 주차장이나 도로 가각부에 휴식공간을 조성하여 이곳을 통과하는 차량이 자연스럽게 속도를 줄일 수 있도록 유도하는 것(미국 뉴욕), 어릴 적부터 나이대별 교통·생활사고에 대한 교육 프로그램을 통해 자연스레 안전의식을 고취시키는 것(스웨덴 리드셰핑, 캐나다 토론토) 등등... 이는 실제로 해외에서 실효를 거둔 사례들로서 지금까지 우리가 취해왔던 개별 시설물에 대한 보완, 즉 가로등과 감시 카메라 확충, 환기구 높이 조정이나 방어막 설치 외에도 총체적이며 맥락적인 시각에서 공간 안정을 꾀하는 지혜를 보여준다. 반면 국내의 안전디자인 실행방법이 문제를 일으키는 시설물의 구조 변경에만 집중되는 것에 유의해야 할 것이다.

국내에서 안전디자인에 대한 논의는 2009년 국회안전디자인포럼 이후 관련 단체, 혹은 연구자별로 지속되어 왔다. 그러나 산발적으로 이어져 온 탓에 합의된 정의, 또는 명확한 영역이 존재하지 않아 하나의 개념을 넘어 체계화된 이론으로 구조화되지는 못하고 있다. 체계화의 토대 위에 보다 심도 있고 구체적인 전략이 연구될 수 있으며, 현장에 효율적으로 적용될 수 있을 것이다. 본 책자에서는 연구진의 의견을 모아 안전디자인이 '잠재된 안전과 건강상의 위험 요소를 최소화하는 물리적 장치이자 공간에 대한 적극적 활용을 유도하는 소프트웨어적 디자인 전략'이라는 정의 하에 지역디자인 전문가들의 시각에서 바라보는 안전디자인의 다양한 실례를 제시하였다. 점적이거나 면적인 방법으로, 공공적이며 문화적인 관점에서 제 역할을 하고 있는 안전디자인을 살펴봄과 동시에 장기적으로 '시민 건강', '건강도시' 아젠다와도 연계되는 안전디자인의 가능성을 기대해 본다.

**(사)한국도시설계학회 홍보 안전디자인연구회**

# TOPIC #1.

## "Specialized Designed Safety"

_공간과 시설의 특성이 고려된 설계를 통한 안전디자인

# #1. 파주시 범죄예방 도시설계 디자인을 위한 기본 가이드라인

Basic Guidelines for CPTED in Paju-si

저자 **김승희** | 현 파주시청 도시개발과 도시디자인팀장

공동주거단지 내
투시형 계단과 중앙광장

## □ 요소별 범죄예방 설계디자인 가이드라인

1. 범죄예방 설계기준 적용 사전검토

- 설계기준은 그 지역의 범죄유형과 특성에 적합하도록 적용
- 주로 발생되는 범죄유형이 무엇인지 범죄위험 평가 실시를 권장
- 관련분야 전문가 참여를 고려하여야 함

2. 영역성 확보를 위한 디자인

- 공적·사적 장소 간 명확한 공간 성격을 인지할 수 있도록 디자인
- 외부와의 경계인 출입구는 포장 자재 및 바닥 레벨로 변화, 색상으로 차별화, 상징물·조명 등을 설치하여 영역 의식을 확고히 함
- 안내판 설치 및 색채·재료·조명 계획으로 위치 정보 및 지역의 용도를 명확히 함

3. 접근통제를 위한 디자인

- 자연적 감시가 확보될 수 있도록 보행로 계획
- 통제와 인지가 용이하도록 출입구에 상징물, 조경, 조명, 안내판 등의 설치를 계획
- 건축물의 외벽은 범죄자의 침입이 어려운 시설로 설치

4. 주변과 활성화를 위한 디자인

- 외부공간의 이용이 활성화될 수 있도록 각종 부대시설(운동시설, 휴게시설, 놀이터, 출입구 등)과 연계를 고려함

상. 공원 방범용 비상스위치
하. 공원 내 감시 카메라

좌. 적절한 조경으로 시야확보를 통한 자연적 감시
우. 조경으로 인해 고립된 사각지대

5. 조명디자인

- 조도가 높은 조명보다 조도가 낮은 조명을 많이 설치하여 그림자가 생기지 않도록 하고 과도한 눈부심을 방지
- 보행자가 많은 지역은 주변사물에 대한 인식을 쉽게 하도록 하기 위하여 눈부심 방지등을 설치하되 색채의 표현과 구분이 가능한 것으로 사용
- 출입구의 공간이나 표지판에 조명시설을 충분히 설치하여 사람들을 인도

6. 조경디자인

- 수목 식재로 사각지대·고립지대가 생기지 않도록 간격 유지
- 식재가 건축물의 창문을 가리거나 나무를 타고 건축물 내로 침입할 수 없도록 유지

## □ 종류별 범죄예방 설계디자인 가이드라인

1. 공동주택에 대한 설계디자인

▪ 단지 출입구

-단지의 영역구분이 명확하도록 계획

-출입구는 자연감시가 쉬운 곳에 감시가 가능한 범위 내 적정 개수를 계획

▪ 담장

-사각지대·고립지대가 생기지 않도록 계획

-자연감시가 가능한 담장 및 조경 설치

-생울타리 설치 시 수고 1~1.5m 이내의 사계절 수종으로 일정한 간격 유지

▪ 조경

-조경은 시야확보가 가능하여 자연감시가 되고, 숨을 공간이 없도록 계획

-주거침입에 이용되지 않도록 건물과 1.5m 이상 떨어지도록 식재

▪ 부대시설

-주민활동을 고려한 접근성 확보

-어린이놀이터는 사람의 통행이 많은 곳이나 각 세대에서 볼 수 있는 곳에 배치, 주변에 경비실 또는 CCTV 설치

좌, 우. 단지영역과 외부와의 명확한 경계를 표시하는 출입구

- 주차장
  - 자연채광과 시야확보를 위한 선큰, 천창 등의 설치 권장
  - 가시권을 늘리고 사각지대가 생기지 않도록 설계
  - 방문자 차량에 대한 확인이 용이하도록 거주자·방문자 주차장 구별 계획
  - 출입구 인접 및 최상층에 여성 전용주차장 설치 권장
  - 지하주차장의 감시를 위한 CCTV와 함께 주차구획도 감시할 수 있도록 설치
  - 지하주차장 통로에는 경비실과 연결할 수 있는 비상벨 설치 및 명확하게 인지할 수 있는 안내표시 계획

좌, 우. 자연채광을 고려한 지하주차장

좌. 접근이 용이해 추락 위험이 있는 불안전한 공동구(환기구)
우. 높은 구조로 접근을 예방, 안전한 공동구(환기구)

선큰 광장과 연계된 지하주차장

식별이 용이한 지하주차장 출입구

- 동 출입구
  - 주 출입구는 영역성이 강화되도록 색상으로 차별화, 문주, 상징물, 조명등의 설치 고려
  - 주 출입구는 자연적인 감시가 가능하도록 계획
  - 주 출입구는 야간에 식별이 가능하도록 주변보다 조명을 밝게 설치

- 세대 내부
  - 세대 현관문은 침입방어 성능을 갖춘 인증제품으로 설치
  - 현관문에 신문 및 우유 투입구 등은 가급적 설치하지 않도록 하며, 부득이한 경우에는 출입문을 열 수 없는 구조로 계획
  - 저층부 외벽은 침입을 용이하게 하는 요소를 배제하도록 계획
  - 세대 창문의 방범창 안전잠금 장치는 일정한 침입방어 성능을 갖춘 인증제품으로 설치하며 화재발생 시를 대비하여 밖으로 열릴 수 있는 구조로 설계

- 옥외배관
  - 건물 외벽에 설비시설을 설치하는 경우 창문 및 개구부와 1.5m 이상 이격하여 설치를 권장
  - 옥외배관은 통행이 많은 보행로, 도로변, 인접 세대에서 조망 가능한 곳에 설치를 권장

투시형 승강기

▪ 승강기 복도 계단

- 출입구 외부에서 승강기 출입이 보이도록 계획
- 피난용 승강기 이외의 일반승강기는 내부가 보이는 구조 권장
- 계단실 복도 승강기 내 CCTV 설치를 고려
- 계단실은 외부공간에서 자연적인 감시가 가능하도록 창호를 설치
- 옥상 비상구에는 CCTV를 설치하고, 화재발생 시 자동풀림이 가능한 잠금장치를 설치

상. 폐쇄형 출입문 승강기 지양
하. 투시형 출입문 승강기 권장

2. 단독·다세대 주택에 대한 설계디자인

▪ 주변

-공적, 사적 공간이 명확하도록 계획

▪ 출입구 및 창문

-대문·현관 주 출입구는 도로 및 통로변에서 볼 수 있도록 계획

-창문 앞에는 시야를 차단하는 장애물을 계획하지 않음

-창틀, 유리, 방범창 안전잠금 장치는 일정한 침입방어 성능을 갖춘 인증제품으로 설치, 화재발생 시를 대비하여 밖으로 열릴 수 있는 구조로 설계

▪ 옥외배관

-건물 외벽에 설비시설을 설치하는 경우 창문 및 개구부와 1.5m 이상 이격하여 설치하고, 배관을 타고 오를 수 없는 구조로 함

-수도·가스·전기 등의 검침용 기기는 주택 외부에 설치하여 세대 내에서 검침할 수 없는 구조로 계획함

-주택에 부속된 창고·차고는 발코니·창문 등에서 2m 이상 이격하여 계획함

▪ 조명

-주택의 좌우 측면 및 뒤편의 사각지역에도 보안등을 설치

-출입문으로 가는 통로에 유도등 설치 권장

3. 상점·편의점에 대한 설계디자인

▪ 주변·외벽

-점포의 정면 파사드 부분은 가로막힘이 없이 시야가 확보되도록 계획

▪ 창문

-창문이나 출입구는 내·외부 시선을 감소시키는 필름이나 광고물 등의 부착 지양

-카운터는 가급적 외부에서의 시야가 확보되도록 계획

▪ 부대시설

-출입구 및 카운터 주변에 범인의 신원을 확인할 수 있는 CCTV를 설치하고, 표지판으로 CCTV 설치를 알리도록 계획

-카운터에서 관할 경찰서 등에 연결되는 무음 경보시스템 설치를 권장

상. 외부에 설치된 검침용 기기
하. 침입방지 시설을 부착한 배관
배경. 배관을 내부로 설계

# TOPIC #2.

## “Multiplicative Safety”

_통합적이고 복합적인 요소를 통한 안전디자인

## #2.
# 경기도 내 보도육교에 대한 안전디자인

Safety Design for a Footbridge in Gyeonggi-do

저자 **채완석** | 현 경기도청 건축디자인과 공공디자인팀장

좌. 불필요한 패턴을 적용하여 사고를 유발하는 지양 사례
우. 계단의 시작과 끝에 주의색상을 적용한 권장 사례

보행육교는 도시에서 불가피하게 설치해야 할 도시기반 시설물 중의 하나이다. 기준에 맞게 설치하는 것도 중요하지만 누가 이 시설물을 사용하게 될지 한 번쯤 곱씹어 보아야 할 시설물임에 틀림없다. 어차피 설치해야 할 시설물이라면 사용자 입장에서, 그리고 사회적 약자를 포함한 모든 사람이 동등하게 사용할 수 있도록 디자인해야 할 것이다. 색상의 작은 변화를 통해 계단의 시작과 끝을 알려주어 사고를 미연에 방지하거나, 불필요한 패턴으로 시각적 장애를 초래하지 않도록 배려하는 것이 작지만 안전디자인의 기본이 아닐까?

Ref. 국가법령정보센터 www.law.go.kr(2014.12)
경기통계 stat.gg.go.kr(2014.12)

### □ 검토 배경

- 차량소통 중심에서 보행자 편의 위주로 교통정책이 전환됨에 따라 보행육교 설치 지양
- 도시계획시설기준(2000)에 따르면 횡단시설은 평면 횡단보도 설치가 원칙
- 이미 설치된 보도육교의 안전기준 미흡

### □ 설치장소에 따른 보도육교의 구분

- 통행이 많은 도로 또는 철도의 위를 횡단하는 횡단보도교
- 자동차 전용도로에 확폭을 통하여 보도를 증설할 경우의 보도교
- 건물과 건물을 입체적으로 연결하는 보도교
- 하천 횡단보도교 등

### □ 설치기준

- 고속도로, 자동차 전용도로 및 철도 횡단구간은 반드시 입체 횡단보도를 설치
- 일반도로 중 시간당 6,000명 이상이 통행하는 도시지역 도로와 지방지역 도로 중 도로 상황, 보행자의 안전 및 경제성을 감안하여 설치

### □ 경기도 현황(2012년 경기도 기본통계 기준)

- 보도육교 : 457개소 / 총연장 23,286m / 면적 117,499㎡
  ※ 고양(64개소), 성남(38개소), 화성(37개소), 안양(34개소) 등

### □ 보도육교 설계기준

- 도로계획 시설의 결정·구조 및 설치 기준에 관한 규칙(국토교통부, 2010년) 등
- 폭원, 계단의 높이와 폭, 경사로, 난간, 조명 등에 대해 규정

### □ 문제점

- 계단턱 등은 미끄럼방지 시설을 설치토록 규정하고 있으나 안전사고 예방을 위한 세부기준 미흡
- 계단마감 시 불필요한 재료를 사용하거나 패턴을 적용하여 약시자 및 노인계층의 안전사고 유발

### □ 제안사항

- 계단턱 미끄럼방지 시설 설치 시 시작과 끝 지점의 색상을 변경하여 주의 예고
- 보도육교의 계단은 수직상 하나의 면으로 인식되므로 불필요한 패턴 적용 지양

# TOPIC #3.

## “Visual Safety”

### _시각적 요소구성을 통한 안전디자인

용인시청 민원인 주차장에 적용된 이미지

#3.
# 용인시 주차구역 표시를 위한 디자인 가이드라인 개발

Development of Design Guidelines for Parking Area Displays in Yongin-si

저자 **배임선** | 현 용인시청 도시디자인담당관 공공디자인팀장

용인시에서는 2014년 4월부터 6월까지 장애인과 경차 및 임산부를 포함한 여성전용 주차구역에 대해 통합적 표기체계를 구축하여 효율적이고 안전한 주차공간을 마련코자 '주차구역 표시를 위한 디자인 가이드라인'을 개발하였다.

각 부서별로 요구되는 개별적인 요소의 디자인을 통합된 가이드라인으로 개발하여 시 전역에 배포하였으며, 1차적으로 시 산하 전 행정기관, 2차적으로 건축 인허가 시 주차계획에 적용될 수 있도록 유도하고 있다. 이의 결과로 시청 및 동 주민센터, 죽전 야외음악당 주차장 등의 표시가 개선되었으며, 타 시에서도 이를 벤치마킹하기 위해 방문하고 있다.

본 디자인 가이드라인은 운전자로 하여금 주차장 진입시부터 명확한 주차구역을 인지할 수 있도록 하여 약자에 대한 배려와 같은 안전서비스디자인을 경험케 하며, 실제 이용자들로부터 디자인의 질적 향상을 엿볼 수 있었다는 긍정적 반응을 이끌어내었다.

□ **개발개요**

▪ 개발목적

–장애인·경차·임산부·여성 주차구역의 통일성·일관성 있는 주차구역 표시방법 개선으로 통합적 공공정보 표기체계 구축 및 이용자의 효율적인 주차구역 인지도를 높여 편리하고 안전한 주차공간을 마련하고자 함

▪ 개발대상

–장애인·경차·임산부·여성 주차구역

▪ 개발내용

–주차구역 표시디자인 및 설치 가이드라인

–주차구역 적용 예시(안) 제시

▪ 개발근거

–장애인·노인·임산부 등의 편의증진보장에 관한 법률 시행규칙 제2조

–주차장법 시행규칙 제3조

–용인시 주차장 설치 및 관리 조례 제19조

▪ 개발방법

–공공디자인팀 자체 개발

▪ 사업기간

–2014. 4월 ~ 2014. 6월(2개월)

▪ 적용시기

–2014. 7월 이후부터

□ **기대효과**

- 주차구역 표시디자인을 일원화하여 쾌적한 도시환경과 품격 있는 도시 이미지의 정체성 확립
- 정확한 정보전달로 시민 삶의 편의제공 및 안전한 생활공간 조성
- 공공영역뿐만 아니라 민간영역의 건축 인·허가 시 적용되도록 유도함으로써 안전디자인 정책 수행으로 시민의 삶의 질 향상과 자긍심 고취

□ **적용 시 유의점**

- 주차장 바닥색상이 회색 계열일 경우 인지성이 높으며, 바닥색상이 녹색 계열일 경우 채도와 색상 등에 따라 조화와 명시성 등에서 효과가 낮을 수 있음
- 따라서 용인시에서는 주차장 신설, 유지 보수 시 바닥의 색상을 회색으로 적용하도록 공공디자인 사전협의 시스템을 운영 중임

□ **적용성과**

- 시청 및 동 주민센터, 죽전 야외음악당 등에 적용 완료(2014. 10월 기준)
- 에버랜드 직원 주차장을 시작으로 점차 확대적용 계획에 있으며, 타 시(과천시 등)에서 이를 벤치마킹하기 위해 내방하고 있음
- 주차장 진입시부터 명확한 주차구역을 인지할 수 있어 안전서비스디자인을 경험할 수 있음

□ **보완사항**

- 예산 및 정비기간 도래 등에 의해 시 산하 전 공공기관에 대한 동시다발적 적용이 어려움
- 점진적 시행으로 즉각적이며 확연한 효과를 기대하기 다소 어려움

□ **특이사항**

- 장애인 픽토그램 : 국가기술표준원의 장애인 픽토그램을 국내표준(KS)에서 국제표준(ISO)으로 변경

## □ 주차구역 표시를 위한 디자인 가이드라인

- 장애인전용 주차구역

| 주차구역 | 현행법 / 용인시 현황 |
| --- | --- |
| 장애인 | **장애인·노인·임산부 등의 편의증진보장에 관한 법률 시행규칙 제2조**에 의거, 장애인전용 주차구역의 바닥면에는 아래의 그림과 같이 장애인전용 표시를 하여야 하며, 주차구역선 또는 바닥면은 운전자가 식별하기 쉬운 색상으로 표시하여야 한다. |

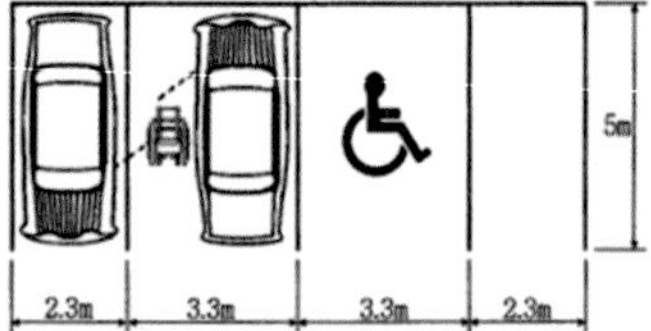

용인시 장애인전용 주차구역 현황

| 주차구역 | 가이드라인 |
| --- | --- |
| 장애인 | -장애인전용 주차구역의 바닥면에는 주차구획 내와 주차구획선 전면에 전용표시 병행<br>-주차구획선 색상은 파란색 실선(C:50%), 장애인 픽토그램 색상은 흰색<br>-장애인 픽토그램(이미지)은 국가기술 표준원의 국가표준(KS)에 의거함 |

▪ 경차전용 구역

| 주차구역 | 현행법 / 용인시 현황 |
|---|---|

**경차**

**주차장법 시행규칙 제3조(주차장의 주차구획)**에 의거,
주차단위 구획은 흰색 실선(경형자동차 전용 주차구획의 주차단위 구획은 파란색 실선)으로 표시하여야 한다.

| 구분 | 너비 | 길이 |
|---|---|---|
| 경형 | 2.0미터 이상 | 3.6미터 이상 |
| 일반형 | 2.3미터 이상 | 5.0미터 이상 |
| 확장형 | 2.5미터 이상 | 5.1미터 이상 |
| 장애인전용 | 3.3미터 이상 | 5.0미터 이상 |
| 이륜자동차 전용 | 1.0미터 이상 | 2.3미터 이상 |

용인시 경차전용 주차구역 현황

| 주차구역 | 가이드라인 |
|---|---|

**경차**

-경차전용 주차구역의 바닥면에는 주차구획 내와 주차구획선 전면에 전용표시 병행
-주차구획선 색상은 파란색 실선(C:50%), 경차 픽토그램 색상은 흰색

▪ 임산부우선 주차구역

| 주차구역 | 현행법 / 용인시 현황 |
|---|---|
| 임산부 | **현행법 없음** |

용인시 임산부우선 주차구역 현황

| 주차구역 | 가이드라인 |
|---|---|
| 임산부 | -임산부우선 주차구역의 바닥면에는 주차구획 내와 주차구획선 전면에 전용표시 병행<br>-주차구획선 색상은 분홍색 실선(M:50%), 임산부 픽토그램 색상은 흰색<br>-임산부 픽토그램(이미지)은 국가기술 표준원의 국가표준(KS)에 의거함 |

▪ 여성우선 주차구역

| 주차구역 | 현행법 / 용인시 현황 |
|---|---|
| 여성 | 현행법 없음 |

용인시 여성우선 주차구역 현황

| 주차구역 | 가이드라인 |
|---|---|
| 여성 | -여성우선 주차구역의 바닥면에는 주차구획 내와 주차구획선 전면에 전용표시 병행<br>-주차구획선 색상은 분홍색 실선(M:50%), 여성 픽토그램 색상은 흰색<br>-여성 픽토그램(이미지)은 국가기술 표준원의 국가표준(KS)에 의거함 |

## □ 상세도면

- 장애인전용 구역(일반형)
  - 장애인전용 주차구역의 바닥면에는 주차구획 내와 주차구획선 앞에 장애인전용 표시를 하여야 한다.
  - 장애인전용 주차구역의 크기는 주차대수 1대에 대하여 폭 3.3미터 이상, 길이 5미터 이상으로 하여야 한다.
  - 장애인 이미지 색상은 흰색, 주차구획선 색상은 파란색 실선(C:50%)으로 하여야 한다.

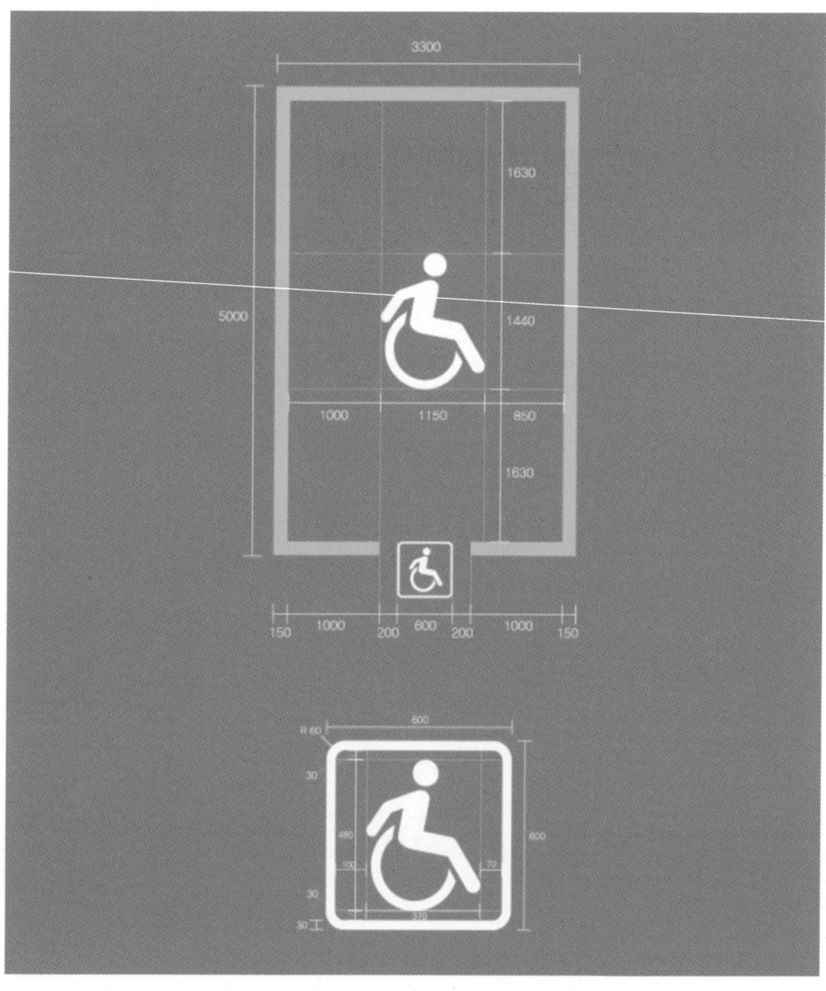

▪ 장애인전용 구역(평행주차형)

–평행주차 구역의 바닥면에는 상황에 따라 아래 그림과 같이 주차구획 내와 주차구획선 측면에 장애인전용 표시를 하여야 한다.

–평행주차 구역의 크기는 주차대수 1대에 대하여 폭 2미터 이상, 길이 6미터 이상으로 하여야 한다.

–장애인 이미지 색상은 흰색, 주차구획선 색상은 파란색 실선(C:50%)으로 하여야 한다.

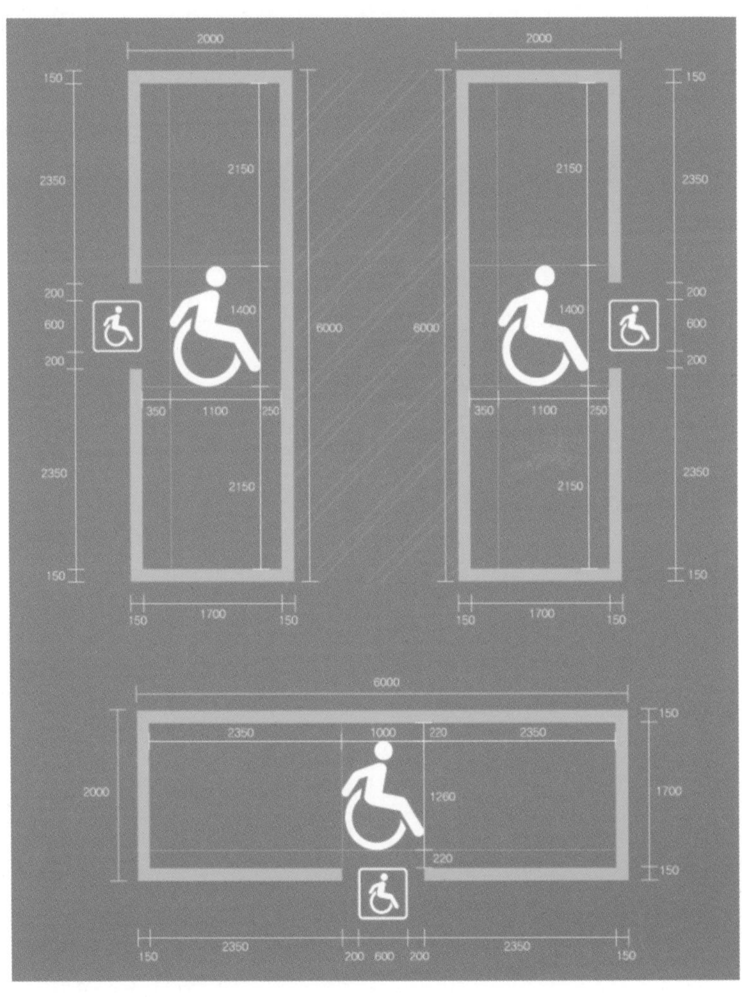

▪ 경차전용 주차구역(일반형, 확장형)

-경차전용 주차구역의 바닥면에는 주차구획 내와 주차구획선 앞에 경차전용 표시를 하여야 한다.

-경차전용 주차구역의 크기는 주차대수 1대에 대하여 폭 2미터 이상, 길이 3.6미터 이상으로 하여야 한다. 다만 상황에 따라 확장형이 설치될 경우에는 주차대수 1대에 대하여 폭 2미터 이상, 길이 5미터 이상으로 하여야 한다.

-경차 이미지 색상은 흰색, 주차구획선 색상은 파란색 실선(C:50%)으로 하여야 한다.

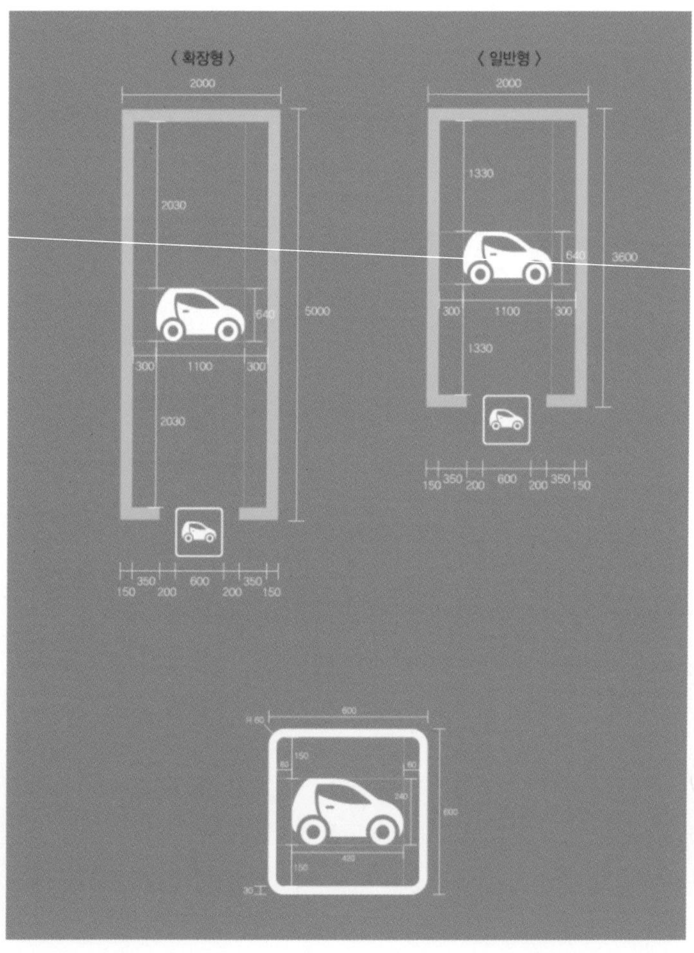

- 임산부우선 주차구역(일반형, 확장형)
  - 임산부우선 주차구역의 바닥면에는 주차구획 내와 주차구획선 앞에 임산부 표시를 하여야 한다.
  - 임산부우선 주차구역의 크기는 주차대수 1대에 대하여 폭 3미터 이상, 길이 5미터 이상으로 하여야 한다. 다만 상황에 따라 확장형이 설치될 경우에는 주차대수 1대에 대하여 폭 3.3미터 이상, 길이 5미터 이상으로 하여야 한다.
  - 임산부 이미지 색상은 흰색, 주차구획선 색상은 분홍색 실선(M:50%)으로 하여야 한다.

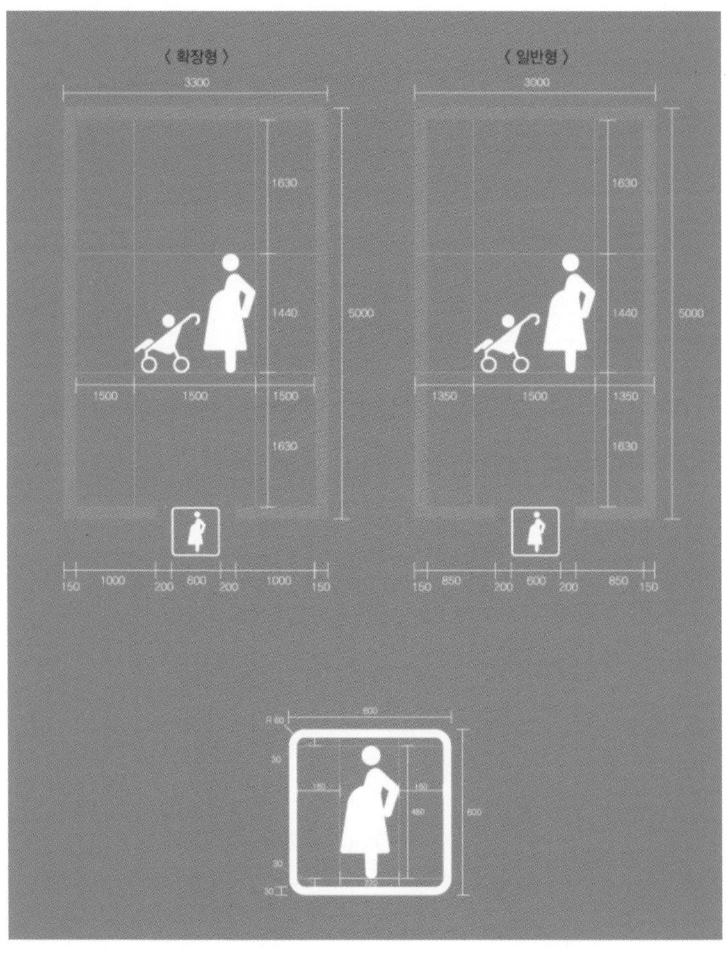

- 여성우선 주차구역(일반형, 확장형)
  - –여성우선 주차구역의 바닥면에는 주차구획 내와 주차구획선 앞에 여성 표시를 하여야 한다.
  - –여성우선 주차구역의 크기는 주차대수 1대에 대하여 폭 2.3미터 이상, 길이 5미터 이상으로 하여야 한다. 다만 상황에 따라 확장형이 설치될 경우에는 주차대수 1대에 대하여 폭 2.5미터 이상, 길이 5미터 이상으로 하여야 한다.
  - –여성 이미지 색상은 흰색, 주차구획선 색상은 분홍색 실선(M:50%)으로 하여야 한다.

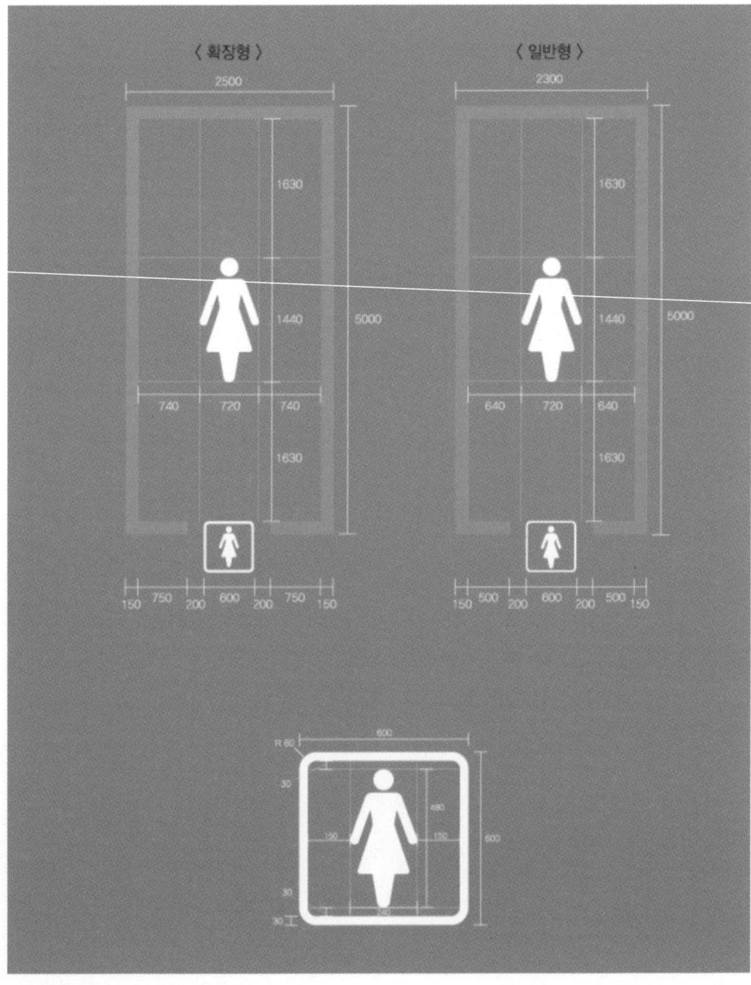

□ **주차구역 적용 예시**

- 같은 색 주차구획선이 나란히 설치될 경우에는 실선을 겹치게 설치하여야 한다.
- 다른 색 주차구획선이 나란히 설치될 경우에는 실선을 겹치지 않게 설치하여야 한다.

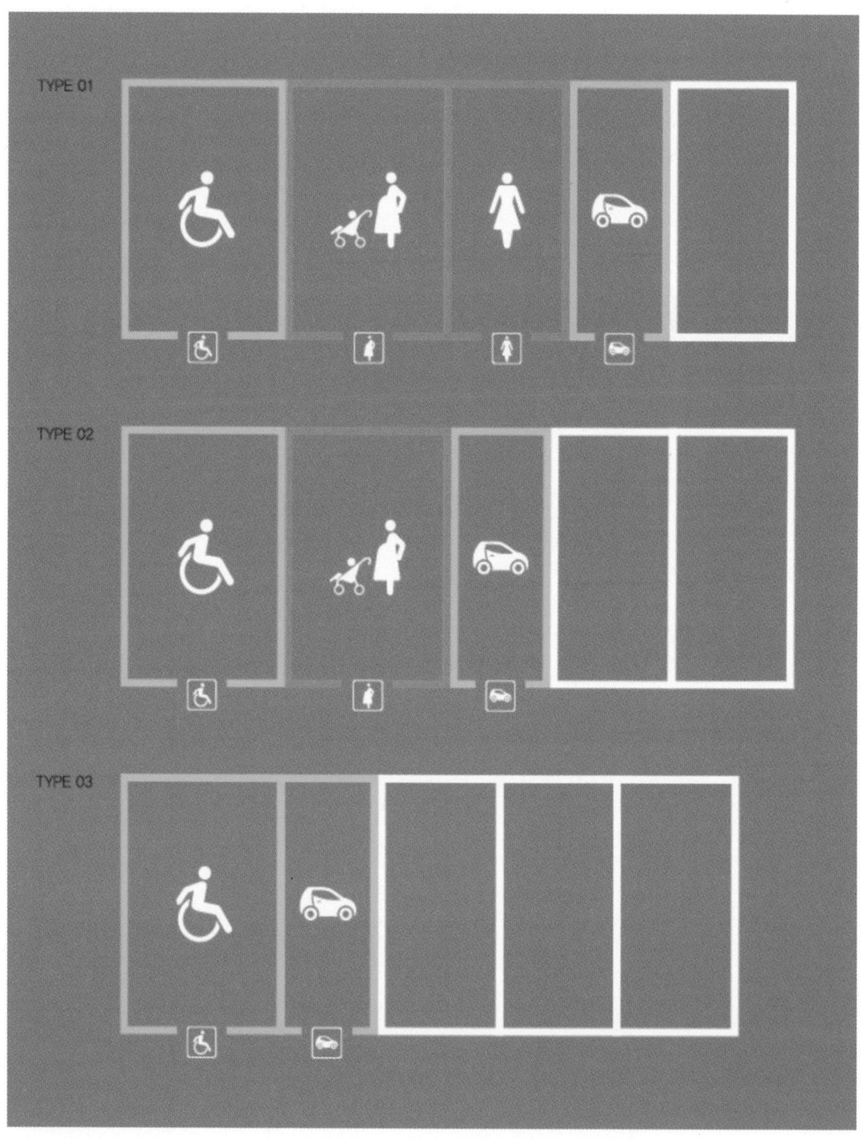

# TOPIC #4.

"User-Oriented Safety"

_사용자 관점을 통한 안전디자인

#4.

# 북유럽 자전거 길_ 자전거를 안전하게 즐기는 방법

Copenhagen's Bicycle Strategy & Policies

저자 **윤정우** | 현 (사)한국도시설계학회 홍보 안전디자인연구회 위촉전문위원

자전거를 주로 타고 다니는 아름다운 도시 코펜하겐은 그냥, 저절로 주민의 취향에 의해 조성된 도시가 아니다. 먼저 자전거를 탈 수 있는 환경을 제공해야 하고 다음으로 시민의식이 조성되어야 안전한 자전거 통행이 가능하다. 우리나라의 자전거 환경은 어떠한지 그리고 자전거 통행의 선진국으로 알려진 북유럽 국가의 정책과 자전거도로 계획은 어떠한지에 대하여 알아보고자 한다.

**시내 큰 나무 아래서 만나!!**

코펜하겐에서 시내구경을 하려면 우선 뚜벅이가 될 마음을 먹어야 한다. 차량진입을 막아 놓은 거리가 많고 보행자 위주이다. 차로는 1 또는 2차선이 대부분이라 교통체증이 심하다. 그러다 보니 자전거를 이용하여 시내를 다니는 사람들이 많기 때문에 자전거의 관리도 중요하다. 어딜 가나 자전거 보관대가 설치되어 있는 것을 볼 수 있다. 자전거가 묶여 있는 모습에서 여유로움과 아름다움을 느낄 수 있다.

우. 시내의 큰 나무 주위에 자전거를 보관하고 카페에서 차를 마시는 사람들

12'eren
UDSALG

**차로 폭에 준하는 너비의 자전거 전용도로**

코펜하겐 도로망에 대해 살펴보자. 차로의 폭에 준할 정도로 넓은 자전거도로를 제공하고 있다. 이는 자동차만큼 자전거이용을 중요하게 다루고 있다는 의미이며 자전거를 이용하는 사람들에게 안전과 편의를 제공하겠다는 의지를 가지고 있음을 보여준다. 시민들에게 자전거를 이용하라고 홍보하기 이전에 먼저 자전거를 사용하기 편리하고 쾌적한 환경을 조성하는 것이 중요하다.

상, 하. 넓은 폭이 확보된 자전거전용도로

자전거가 보관되어 있는 주택가 풍경

**국내의 문제점 : 자전거 타려면 사고 날 각오는 해야 한다.**

지난 겨울(2014년 12월)에 저자 친구의 어머니인 A씨(여, 61세)는 매일 지나다니는 아파트 현관을 무심코 나서다가 빠른 속도로 달려오는 자전거를 보지 못하고 그대로 부딪혔다. 자전거를 탄 사람은 같은 아파트 옆동에 사는 고등학생이었는데 아파트 내부 도로를 쌩쌩 달리다가 사고를 낸 것이 두 번째라고 했다. 이로 인해 A씨는 허리를 다쳐 통원치료를 3달간 다녀야 했고 자전거에 대한 부정적인 인식이 생겼다. 이처럼 쉽게 접할 수 있는 주요한 자전거사고의 원인은 '1.충돌사고 위험-지나가는 행인과 접촉사고, 2.보행자가 자전거를 의식하지 않고 지나쳐 감, 3.자전거 도로에서 주변 시야확보가 안됨'으로 들 수 있다. 이에 대한 예방차원의 교육과 시민의식을 높이기 위한 홍보가 절실히 필요하다. 교육이 선행되지 않아 자전거 운용에 대한 국민교감이 형성되어 있지 않은 현재에 환경보호를 위한 자전거이용 홍보는 자동차에 대한 대안이 될 수 없을 것이다.

안전행정부에서 발표한 대한민국 자전거사고 건수는 다음과 같다. 전체적으로 사고 건수는 꾸준히 증가하고 있는 추세이다. 이는 교통사고 발생이 급격하게 줄어들고 있는 현황에 반하는 추세로서 자전거사고의 위험성이 심각하고 이에 대한 의식이 부족함을 보여준다.

- 2010년 - 11,259건 발생. 297명 사망
- 2011년 - 12,121건 발생. 275명 사망
- 2012년 - 12,908건 발생. 289명 사망
- 2013년 - 13,852건 발생. 285명 사망

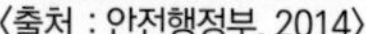

〈출처 : 안전행정부, 2014〉

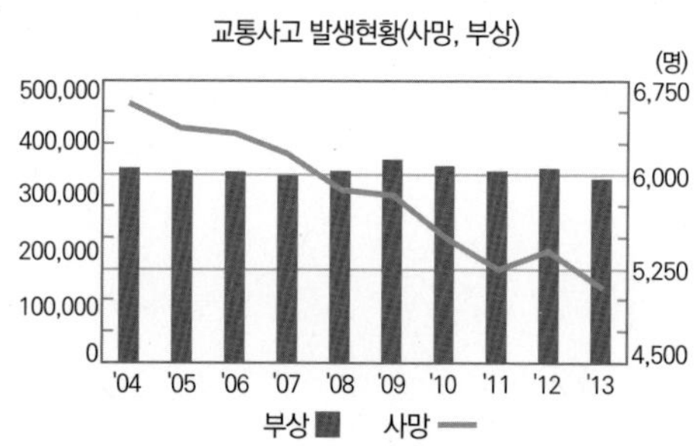


Ref. 나라지표 m.index.go.kr(2015.03)

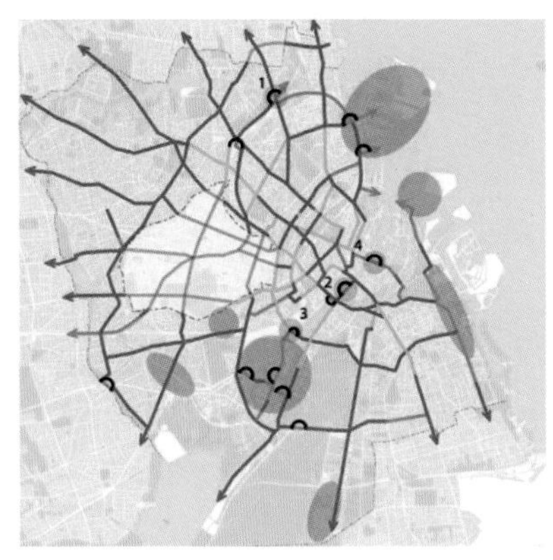


1. Lyngbyvej 지역과 Nordhavnsvej 지역 연결
2. 원형다리
3. 램프-경사로
4. 내항을 가로지르는 다리

다음은 코펜하겐 시의 자전거 도로망 계획도이다. 이는 '플러스넷'으로 불리며 지속적으로 자전거도로망을 강화해 나가고 있다. 공간의 질을 높이고 도로망끼리의 연결성을 높이며 더 많은 이용이 일어날 수 있도록 편리성을 더하는 노력 중이다. 2025년을 목표로 구체적인 경로와 능력향상을 제시하고 있으며, 이를 기반으로 하여 교통정책과 도시개발에 있어서 발전을 이루게 될 것으로 기대되고 있다.

**보행자와 자전거 사용자를 위한 변화 필요**

우리나라의 교통정책은 여전히 자동차에 집중되어 있다. 차량운행이 쉽고 편할 수 있도록 수립된 교통정책은 보행자뿐만 아니라 자전거의 운행에 있어서도 큰 걸림돌이 되고 있다. 차량 위주의 교통정책과 도시계획은 인간에게 친숙하고 가까운 환경을 조성하기보다는 콘크리트로 둘러싸인 환경, 기계적인 삶을 양산해 내게 된다. 인간의 삶의 질 향상에 더욱 관심이 고조되고 있는 지금의 사회적 분위기와 동떨어진, 시대착오적인 방향을 향해 가고 있는 것이다. 보행자와 자전거를 배려한 정책과 도시계획을 통해 자동차 위주의 도시에서 환경과 인간을 생각하는 환경으로 거듭나야 할 것이다.

–

Ref. Jakob Schiøtt Stenbæk Madsen, Good, Better, Best-The City of Copenhagen's Bicycle Strategy 2011-2025, www.cycling-embassy.dk(January 20, 2012)

# TOPIC #5.

## "Cooperative Safety"

_자치적 협력을 통한 안전디자인

## #5.
# 민관 협력 네트워크 구축을 통한 '안심마을 표준모델 시범사업'_ 경남 거창군 북상면

Pilot Project of Safe Village Standard model by Private Public Partnership in Geochang-gun

저자 **오기수** | 현 경상남도 거창군청 기획감사실 공보담당 주무관

사례 하나, 어둠이 내려앉은 고즈넉한 시골 커브길에서 갑자기 만난 경운기

사례 둘, 갑자기 내린 폭우로 지나가던 도로에서 산사태를 만났을 때

사례 셋, 밭에 일하러 간 사이에 집을 지키던 강아지가 사라졌다.

북상면사무소

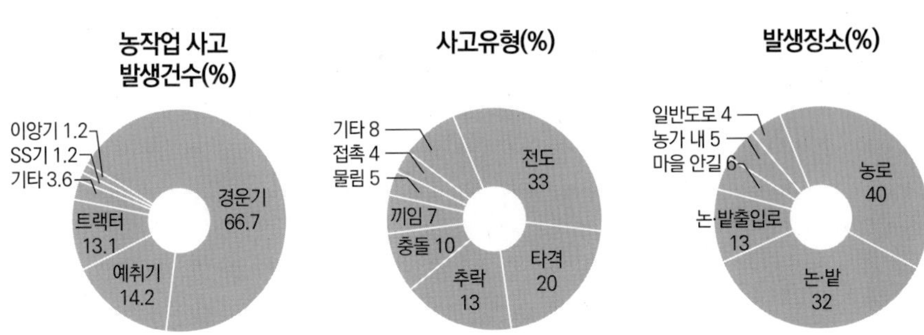


이 밖에도 농어촌 지역에서는 여러 가지 크고 작은 사고들이 빈번히 발생되고 있다. 특히 인구가 줄고 고령화되어 가는 농촌지역의 경우, 인적 재난은 대부분 농번기에 경운기를 비롯한 농기계 사고가 주를 이루며 전기, 가스, 농번기 중 도난사고 등도 일어나고 있다. 그 밖에 자연재해로는 태풍, 폭설, 산사태, 산불 등으로 인한 피해가 주를 이룬다. 이렇다 보니 취약계층의 안전문제, 시설물에 대한 안전장치 마련 등 안전관리가 시급한 시점이다.

좌측부터. 경운기사고 / 산사태 피해 / 애견 도난사고 / 계곡 급류사고

Ref. 농민신문 www.nongmin.com(2012.02.22)
경남매일 www.gnmaeil.com(2014.08.31)
뉴시스 대구 www.newsis.com(2014.08.21)
뉴시스 청평 www.newsis.com(2009.07.09)

경고등과 안전장치를 적용한 경운기

좌. 우량 경보시설
우. 커브길 반사경과 유도판

이에 따라 국가의 안전관리 영역이 대규모·집단적인 재난뿐만 아니라 소규모·일상적 안전사고로까지 확대되고 각종 안전사고로부터 안전하게 생활할 수 있는 환경을 만들기 위해 안전행정부에서는 '안심마을 표준모델 구축 시범사업'을 추진하고 있다. 이는 지역주민·지자체·안전행정부의 협업을 통해 범정부적 안전문화 활성화와 민관 협력 네트워크 구축과 병행하여 지역 안전문화 정착·확산을 목적으로 하고 있다. 시범마을의 유형은 다음과 같다.

| 유형 | 해당지역 예시 | 규모 |
|---|---|---|
| **도시지역** | -아파트 밀집지역<br>-단독주택 밀집지역 | -3,000세대 내외 아파트단지<br>-500세대 내외 단독주택단지 |
| **농어촌지역** | -농업지역, 어업지역 | -10개 내외 법정리, 20~30개 자연마을<br>-1차 산업 종사가구 비율 50% 이상 |
| **특정지역** | -산업단지, 소규모 공장 밀집지역<br>-외국인 밀집 거주지역<br>-상가·재래시장 등 특정시설 인근지역 | -해당지역 전체 |

좌측부터. 유관단체 회의모습 / '주민 스스로 안전을 지킨다' 홍보캠페인 / 안심마을 추진협의회 MOU 체결

경상남도 거창군 북상면은 지난 2013년 9월 5일 안전행정부가 추진하는 '안심마을 시범사업' 공모에 전국 1,205개 면 지역 중 유일하게 선정되는 쾌거를 안았으며, 현재 추진 중인 사례를 중심으로 소개하고자 한다.

우선 소프트웨어적인 측면을 살펴보면 안심마을 안전 네트워크 활동 구축을 통한 주민 스스로의 참여가 필수적인 요소이다. 안전에 대한 인프라 구성도 중요하지만 주민 스스로가 안전에 대한 인식과 활동을 추진함으로써 사업의 주체가 되는 것이 중요하다. 이를 통해 주민자치회원과 관내 기관단체, 관계 공무원이 함께 참여하고 생활 안전망을 구축함으로써 취약계층에 대한 노후생활을 보장하고자 하였다. 이에 따라 북상면에서는 안심마을 발대식과 주민설명회를 개최하는 한편 북상면 사무소, 주민자치회, 수승대농협 북상지점, 북상 치안센터, 북상 우체국, 북상초등학교, 이장자율협의회, 적십자 부녀봉사회, 자원봉사협의회, 새마을 지도자회, 새마을 부녀회, 바르게 살기 협의회, 자율방범대, 주부민방위기동대, 의용소방대 등 17개 기관·사회단체가 참여하는 안심마을 추진협의회를 구성하였다. 또한 주민안심봉사단과 복지통합서비스 지원단 구성, 자율방범 실천 캠페인 추진, 안심마을 홍보 캠페인 추진, 이동안전 교육캠페인 등을 추진하여 네트워크 구축을 성공적으로 추진하였다.

안심봉사단 어르신 지킴이

안심봉사단 자율방범봉사

학교에서의 안심캠페인

배경. 방범용 CCTV와 번호인식 카메라
좌. 삼거리 점멸등 설치

위험도로변 가드레일 설치 전·후

두 번째로 하드웨어적인 측면에서는 안전인프라 개선사업을 추진하였다.

농촌마을의 특성상 마을입구와 사고다발지역, 축산물도난 예방을 위해 번호인식 카메라 및 동영상 CCTV를 6개소에 설치하였고 교통사고가 빈번한 사고위험 지역에는 점멸등을 설치하여 교통사고를 사전에 방지하고자 하였다. 특히 지역 특성상 깊은 협곡과 굴곡이 많은 도로에는 가드레일을 설치하였으며 급경사와 굴곡이 심한 도로에 노면확장 및 급커브 완화 등 선형개선을 실시하였다.

| 사업유형 | 위치 | 사업내역 | 사업량 |
|---|---|---|---|
| 범죄예방 환경조성 | -북상면 갈계리 1503-5 등<br>-구)북상면대 건물 | -CCTV설치<br>-복합안심센터 구축(리모델링) | -6식<br>-1식 |
| 교통사고 예방 | -탑불마을 등<br>-북상면 탑불길 45 등<br>-북상면사무소 앞 삼거리 등<br>-용수막마을 등(경로당 주변) | -위험도로변 가드레일 설치<br>-사고다발지역 선형개선<br>-사고위험지역 경보등 설치<br>-노인보호지역 안심시설물 설치 | -19개소<br>-2개소<br>-3개소<br>-4개소 |
| 취약계층 안전사고 예방 | -경로당(마을회관)<br>-전기노후화<br>-북상면 미설치 세대 | -경로당 어르신 안심시설 설치<br>-전기안전점검 및 전기설비 보수<br>-타이머형 가스차단기 설치 | -20개소<br>-400개소<br>-761개소 |

사고다발지역
선형개선 전·후

복합 안심센터 리모델링 전·후

경로당 경사로와 손잡이 설치

목재를 이용한 안전 경사로

경로당 내 변기 손잡이 설치

계단 미끄럼방지 설치

Ref. 가스신문 www.gasnews.com(2014.02.12)

가스사고로부터 안전을 지켜주는 타이머콕으로 교체

농촌지역은 대부분 노령화가 진행되어 있고 응급상황에 빠른 대처가 어려운 실정임을 감안하여 복합 안심센터를 구축하였으며 경로당 마을회관에는 보행난간, 미끄럼방지판, 현관입구 경사로 및 출입문 완충장치를 설치, 보완하여 노약자들이 안전하게 이용할 수 있도록 개선하였다. 또한 노후화된 주택환경 개선을 위해 타이머형 가스차단기를 설치하고 전기안전점검 및 전기시설 보수를 통해 가스 및 화재로부터 안전사고를 예방할 수 있도록 하였다.

거창군 북상면의 '안심마을 시범사업'에서 보았듯이 농촌지역에서 주민 스스로 안전을 지키기 위해 상호 네트워크 체계를 구축하고 생활 속에서 일어날 수 있는 인프라를 개선함으로써 보다 안전한 마을환경을 만들고 있다. 하지만 조금 아쉬운 부분은 도로시설물, 가드레일, 경로당 등 하드웨어적인 부분에서 단순한 환경개선 차원에 머문 것이다. 특히 농촌지역의 특성을 고려하여 노약자나 여성, 아동을 위한 유니버설 디자인 개념이 보다 적극적으로 도입되고, 사용자의 특성과 편리성을 고려한 디자인, 시인성 확보를 위한 색채, 마을경관을 고려한 체계적이고 통합적인 디자인 계획이 수반된다면 더 아름답고 안전한 마을이 되지 않을까?

기고문 1.

# 다중이용시설 안전을 위한 안내정보디자인

**저자 장영호** | JANG, Young-Ho

현 서울특별시 도시공간개선단 공공시설디자인팀장
한양대학교 공공정책대학원 겸임교수 / 건축학 박사
(사)한국공간디자인단체총연합회 상임이사
(사)국제디자인교류재단 공공정책위원장

## 다중이용시설 안전을 위한 디자인 요소

디자인이라 하면 일반적으로 '아름답게', '예쁘게'를 떠올리곤 한다. 하지만 우리의 생활 속에서 흔히 접하는 가로등, 휴지통, 볼라드 등과 같이 가로에 설치된 공공시설물은 지금까지 디자인이 아름답거나 예뻐야 한다는 우리의 인식과는 다르게 사용자 중심의 '공공성', 주변환경과 조화되는 색채와 형태의 '환경성', 시설물 간 연계와 통합으로 부분과 전체를 유기적으로 결합하는 '통합성', 불필요한 장식성보다 기능성을 우선하는 '기능성' 등이 확보되어야 한다는 쪽으로 인식의 전환이 이루어지고 있다.

특히 날로 대형화되는 사고의 위험에서 그 피해를 조금이나마 줄이기 위해서는 '사용자의 안전을 철저하게 고려하는 '안전성'과 유니버설(Universal) 디자인 및 장애 없는(Barrier-free) 디자인이 추구해야 할 '보편성'이 더욱 강조되어야 할 요소이다. 더욱이 사람들이 많이 모이는 역, 터미널, 경기장, 공연장 등과 같은 다중이용시설의 경우에는 불특정다수의 사람들의 안전을 지켜내기 위해서 많은 대비책이 필요할 것이다.

우리가 기억하는 대형사고를 살펴보면, 2003년 2월에 대구지하철 1호선 중앙로역에서 발생한 대구지하철 참사가 있다. 한 정신지체장애인의 방화로 인해 결국 총 192명이 사망하고 148명이 부상을 입은 아주 끔찍한 사고로 기억되고 있다. 또한 2014년 5월에 경기도 고양종합터미널 지하 1층 공사현장에서 화재가 발생해 터미널 이용객 등 9명이 숨지고 60명이 다치는 등 모두 69명의 사상자가 발생한 사고도 기억이 생생하다. 이처럼 다중이용시설에서의 사고는 일반적인 사고보다 더욱 큰 피해를 주는 결과를 낳고 있다.

# SUPPLEMENT

그렇다면 이러한 대형사고를 미연에 방지할 수는 없을까? 물론 이러한 질문에 대한 이론적인 답은 "있다"이다. 철저한 안전관리, 안전매뉴얼 준수, 안전을 우선시하는 시민의식의 향상 등 그 해결책은 원칙적이고 다양하다. 대형사고 후에는 누가 먼저라 할 것도 없이 앞의 내용들을 어김없이 해결책으로 쏟아 낸다. 그런데 왜 사고는 끊이지 않는 것인가? 더욱이 희생과 피해는 왜 줄어들지 않는 것인가?

이유는 간단하다. '지켜야 할 것'을 '지키지 않아서'이다. 사람들의 '안전불감증'과 더불어 '상업적 성과지상주의'가 인적 희생과 물적 피해를 증폭시키고 있다. 최근의 경우에는 더욱더 자연적인 상황과 인위적인 상황이 복합적으로 작용하여 대형사고의 시발점이 되고, 유무형의 환경적 요건이 결합하여 우리가 상상했던 것 이상으로 사고가 크게 확대되는 여러 아찔한 경험들을 되새겨 보면 앞으로 우리의 과제는 '얼마나 빨리, 그리고 얼마나 많이' 피해를 줄이느냐에 있다고 해도 과언이 아닐 것이다. 마치 스포츠대회에서의 구호처럼 말이다.

사고 당시 중앙로역 - 대구지하철 참사 @지디넷코리아

고양터미널 화재 @SBS

최근에는 재난에 대비해 충분하지는 않지만 그나마 많은 사회적 관심을 기울이고 있어서인지 유사 상황을 가정한 대피훈련이 이루어지고, 시설 내외부의 안내방송과 안내영상 등을 활용하여 유사시 상황에 대비한 행동요령을 체계적이고 상세하게 알려주고 있기에 시민들의 인식수준도 점차 높아지고는 있다. 하지만 아직까지도 충분하다고 생각되지 않는 것이 현실이다.

도시를 이루는 수많은 요소들에 대하여 디자인과 시공 및 유지관리에 많은 법적 기준을 적용하고 있는 것처럼 보이지만 실제로는 법적인 기준의 최소허용치를 만족하는 수준에 그치고 있다. 더욱이 그것을 이용하는 시민들에게 있어서는 수시로 변화하는 이용량, 시간대에 따라 달라지는 이용자의 행태, 공간의 수용 패턴의 변화 등 일정한 공간에서 시시각각 달라지는 환경에 대응하기에는 만족스러운 상황이 아닐 수도 있다.

이러한 현상은 다중이용시설에 있어서는 해당 지역의 인구집중도의 추이 변화, 지역사회 구성층의 다변화, 지역 기반시설의 활성화 등에 따라 복합적인 상황을 연출하기 때문에 더욱 조심스럽게 접근해야 하는 문제이다. 특히 일시적인 이용자의 급증은 예기치 못한 곳에서 대형사고를 발생시킬 위험성 또한 자연스럽게 커지기 때문에 이러한 상황에 대비하고 사고를 예방하기 위해서는 다양한 상황에 대한 예측과 더불어 충분한 대책이 필요하다. 이를 위해 다양한 사용자를 배려하는 보편타당한 공간의 구성, 면밀한 안내정보체계 구축을 통한 명확한 동선의 제시, 구호용품 및 장비에 대한 시인성 확보 등과 더불어 일정한 디자인적 통일감이 수반되어야 할 것이다.

# SUPPLEMENT

그럼에도 불구하고 또 다른 예측 불가능한 사고가 발생되는 경우에 대비하여 직관성을 최대한 높이는 디자인적 해결방법도 필요하다. 여기에는 주목성이 강한 디자인, 명확한 정보전달 요소, 간결한 사용법, 픽토그램과 같은 공통된 약속 등이 포함된다.

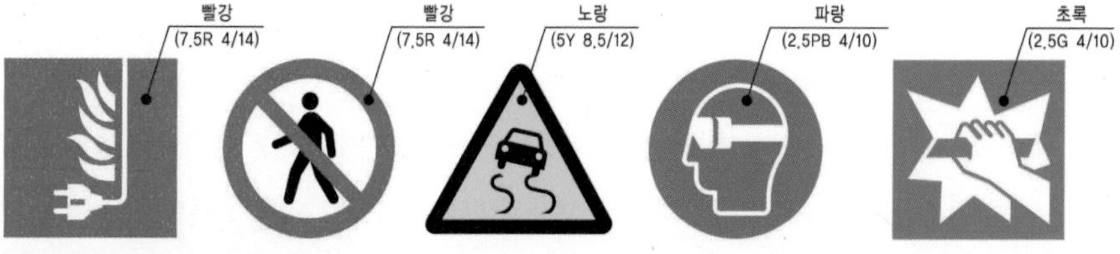


**안전 관련 픽토그램과 색의 참고 값**

공공안내 그림표지 중 안전 관련 그림표지는 각각의 기능에 따라 안전색을 포함하고 있다. 이는 일반적인 그림표지보다 더욱 신중한 인지를 요구하는 경우에 사용하게 되는데, 각각의 기능에 적합한 시인성이 높은 색상을 적용하여 주목성을 높이고 있다.

## 도시철도 안내정보의 현 주소

하루에도 수백만 명이 넘는 승객들의 발이 되고 있는 도시철도는 전세계적으로 가장 많은 인구가 출퇴근이나 여행 등을 위해 이용하는 대표적인 대중교통수단이다. 우리나라에서는 1974년 서울지하철 1호선의 개통을 시작으로 현재 서울에는 9개의 지하철 노선과 분당선, 신분당선, 경전철, 공항철도 등을 포함하여 서울과 외곽을 연결하는 9개의 노선이, 부산에는 지하철 4개 노선과 경전철 1개 노선, 대구에는 지하철 2개 노선, 인천 · 광주 · 대전에는 각각 1개의 지하철 노선 등 모두 28개의 노선이 분포하고 있다.

이렇듯 대중교통수단 중에서 가장 방대한 규모와 이용률을 기록하고 있는 도시철도는 편리함은 물론이고 안전에 대해서도 많은 노력들이 진행되고 있다. 특히 도시철도 이용에 있어서 가장 중요한 요건은 얼마나 빠르고 효율적으로 목적지에 도착하는가에 있다. 이러한 점은 비상시에 있어서도 얼마나 안전하게 대피를 할 수 있느냐와 맞물려 안내 및 안전 정보는 매우 중요한 역할을 한다고 볼 수 있다.

하지만 현재 설치되어 있는 도시철도 정거장 및 열차 내의 안내정보와 안전정보는 과도한 조명과 색채, 다양한 서체 등으로 인해 시각적 혼란을 주는 경우가 많이 있으며, 각기 다른 적용기준으로 인하여 도시철도 운영기관별로도 상이한 서체 및 색채를 보이고 있다. 이는 일관성 있는 인지도 확보가 요구되는 대중교통 정보시스템에 있어서 일관성을 확보하지 못하여 이용객들로 하여금 정보에 대한 혼선을 초래하고 있는 상황이다.

# SUPPLEMENT

**시민들의 지하철 이용에 불편을 초래하고 있는 안내정보체계의 일관성 부재**

현재 전국의 도시철도는 각각의 매뉴얼에 의해 안내정보체계가 디자인되고 있다. 각 운영기관의 아이덴티티 확보를 위해 개별적으로나마 디자인이 이루어지는 것은 다행스러운 일이지만 지나치게 다양한 디자인을 추구하는 것은 이용자 측면에서는 정보에 대한 인지도 측면에서 결코 바람직하지 않다.

**중복되고 충돌하며 제각각인 안내사인**

도시철도 이용에 있어서 이용자의 길라잡이가 되어야 할 안내사인이 이용자를 더욱 어지럽게 하고 있다면 아마도 도시철도를 이용하기 싫어질지도 모른다. 우리는 안내정보가 많을수록 정보를 습득하기 쉽다고 느끼지만 실제로는 그 반대이다.
도시철도 내의 한정된 공간이 너무나 많은 정보를 감싸고 있어 서로 충돌하고 중복되며 색채, 형태 등이 제각각이기 때문에 오히려 우리의 판단을 더욱 어렵게 하는 것이다.

**도시철도 이용의 합목적성이 결여된 광고물의 난립**

시민들의 안전보다는 상업주의에 물든 도시철도 정거장은 광고물 난립은 물론 현란한 색채 사용으로 인해 전체적인 안정감이 결여되어 있다.

**안전이 무시된 상업시설물의 양적 팽창**

목적이 불분명하고 전달대상이 불명확한 정보표기, 상업시설물과 안전시설물의 영역구분 부재, 주목성이 확보되어야 할 안전시설물보다 눈에 더 띄는 상업시설물, 이용객이 집중되는 연결계단에 근접하고 점자블록마저 침범하여 설치된 매점 등 이용자의 안전과 비상시의 대처가 쉽지 않을 듯한 상황이 보편적으로 연출되고 있다.

### 안내정보 개선을 통한 사용성의 제고

도시철도의 노선 및 구간의 확장이 장시간에 걸쳐 순차적으로 진행될 수밖에 없는 사업특성과 서울을 비롯한 수도권에서와 같은 복잡한 환승체계는 다양하고 과도한 안내정보의 중복 설치를 수반하게 된다. 따라서 시민들의 이용편의와 안전 확보를 위해 시인성이 우선적으로 확보되어야 하는 안내정보의 표기에 대하여 정확한 전달이 용이하도록 통합적 표기와 적정 위치에 대한 최소 설치를 기본으로 한 개선이 이루어져야 과다 정보제공으로 인한 혼란을 방지할 수 있고, 시인성 확보 및 효율적 공간이해가 가능할 것이다.

서울시 표준형 지하철 폴사인

이에 서울시에서는 서울매트로, 서울도시철도공사, (주)서울지하철 9호선 등 운영기관별로 다르게 나타나는 안내사인에 대해 일관성을 부여하고 이용편의성을 높이기 위해 표준형 지하철 통합안내사인을 개발, 보급하고 있다.

지하철 출입구 역명판

자세히 살펴보면 복잡한 안내요소를 필요한 정보만 간결하게 통합하였으며, 시인성이 강한 황색계열의 색채를 출구와 연계되는 공간에 적용하여 출구방향을 효과적으로 인지할 수 있도록 했다. 또한 정보별 구획을 확실히 하여 정보의 혼돈을 최소화한 종합안내도 설치 및 복잡한 환승노선 구간에서도 광고물 등에 간섭받지 않고 효율적으

지하철 내부 역명판

종합안내도

# SUPPLEMENT

로 환승을 할 수 있도록 도와주는 안내사인을 적절히 배치하여 사용자들이 도시철도를 편리하게 이용할 수 있도록 해준다.

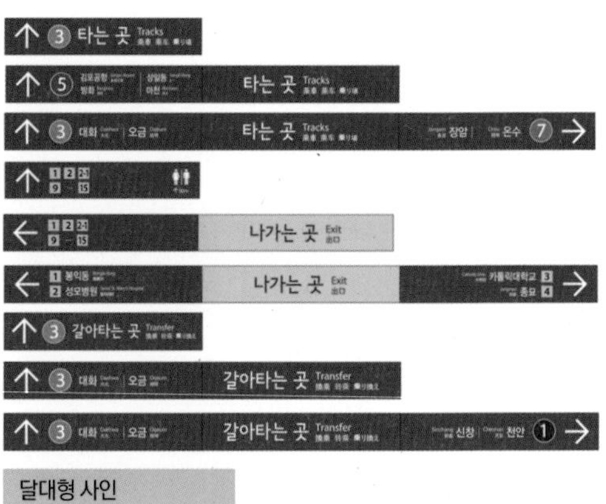


달대형 사인

벽부형 사인(나가는 곳)

서울 시청역 내 통합안내사인 설치 현황

## 안전시설물의 디자인 개선으로 보다 안전해진 도시철도 이용

최근 이용자의 안전을 위협하는 대중교통 관련 사고의 다발적 발생에 따른 안전사고 대비와 재발 방지를 위한 대책이 시급해졌고, 특히 수도권에 있어서는 대중교통 이용객의 과밀화 및 대중교통수단 다양화 등에 따라 이용객 안전과 재난대응에 대한 질적 대응을 위해 구체적인 안전정보체계가 필요하다는 시각이 지배적이다.

이처럼 현대사회에서의 안전에 대한 도시 패러다임은 사회적 가치가 과거 경제발전 규모의 성장에서 최근 자연적·인위적 재해나 범죄로부터 안전에 기반을 둔 사회의 지속가능성으로 이동하면서 안전이 지방선거의 공약으로 등장하는 것은 물론이고 중앙정부의 안전도시 인증을 취득하는 지자체가 증가하는 추세에 있다. 더욱이 안전행정부(현재는 국민안전처에서 관장)에서는 자연재해에 대한 대응과 복구가 중심이 된 전통적 재난관리에서 벗어나

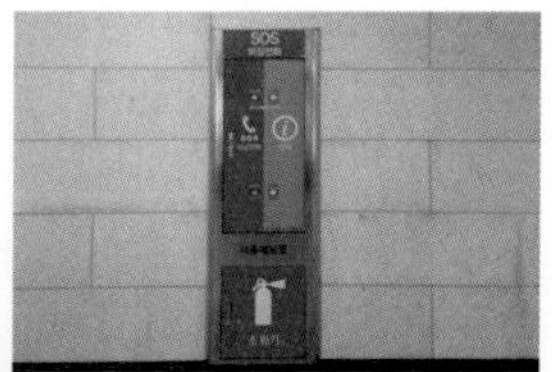

**보행에 방해되지 않고 간결하게 디자인되어 사용성이 증대된 안전시설물 디자인**

빌트인 방식으로 설치된 구호용품 보관함, 비상시 사용이 용이하게 디자인된 비상용 사다리, 비상전화와 안내전화, 소화기 보관함이 구분되어 리디자인된 비상시설물 등 보행 및 유사시 대피에 지장을 주지 않으면서 사용성을 충분히 고려한 디자인은 이전의 시설물이 가지지 못했던 시인성을 충분히 반영하여 디자인되었다.

3안(안전·안심·안정)의 새로운 안전관리 패러다임에 기반을 둔 「안전도시(Safe City)」 정책이 도입되기도 하였다.

이러한 사회적 요구와 맞물려 다중이용시설에 있어서도 안전과 정보안내의 측면에서 효율적인 개선이 필요하다. '도시안전' 측면에서는 다양한 장소에서 다양한 원인으로 발생하는 도시재난, 범죄 등을 예방하고 감소시키기 위해 공학, 디자인, 사회학 등에서의 융합적 사고를 제고하고, 방재, 방범, 유니버설 디자인 등을 연계, 융합하여 도시안전디자인의 실천성 제고를 위한 명확한 기준의 체계적 시스템을 구축하여야 할 것이다. 한편 '정보안내' 측면에서는 위급상황 시 안내정보의 우선적 인지가 가능한 안전관련 정보체계를 통합적으로 정리하기 위해 일관성 있는 정보그래픽 요소의 통일화 및 사용자가 이해하기 쉬운 안전정보체계 디자인을 개발, 보급하여야 할 것이다.

**직관성을 최대한 높이는 디자인적 해결**

예측 불가능한 사고 발생에 대비하여 직관성을 높이기 위한 방법으로 출구방향에 비상구에 대한 강한 주목성을 부여한 사례(좌측 사진)와 비상구급시설물을 종합하고 안전색을 적용하여 비상구급구역으로 조닝화한 사례(우측 사진)

# TOPIC #6.

## "Footscape Safety"

_보행을 위한 면적환경 개선을 통한 안전디자인

# #6.
# 안전한 보행환경과 상권 활성화를 위한 구미시 문화로 디자인거리 조성사업

Design Street Development Project in Munhwa-ro, Gumi-si for Safe Environment & Active Commercial

저자 **김영훈** | 현 구미시청 건설도시국 도시디자인과 주무관

최근 지방자치단체에서는 공공디자인을 통한 도시 경쟁력 강화 및 지역의 가치를 높이는 데 힘쓰고 있다. 특히 1995년 민선 지방자치시대가 출범하면서 도시 간 경쟁력은 더욱 치열해지고 있다. 도시의 경쟁력 확보를 위하여 각 지방자치단체에서는 정주 여건 개선 및 쾌적한 도시경관 확보를 위하여 다양한 공공디자인 사업을 추진하고 있다.

경상북도 구미시의 경우에도 2007년 경상북도 최초로 건설도시국 산하 도시디자인과를 신설하여 본격적인 공공디자인 사업을 진행하고 있다. 특히 2020 구미시 기본경관계획(2011), 구미시 색채가이드라인(2011), 구미시 공공디자인 가이드라인(2012), 구미시 야간경관 가이드라인(2013) 등 공공디자인의 일관성을 유지하기 위한 상위 지침서를 수립하여 지역의 특수성과 정체성을 담아내기 위해 노력 중에 있다.

### □ 사업개요

- 위치
  - 구미시 원평동 문화로
- 사업기간
  - 2013년 1월 ~ 2014년 9월
- 사업비
  - 1,526백만 원
- 사업량
  - L=560m, B=8m, A=3,920㎡
- 사업내용
  - 차 없는 거리 시행
  - 노면(황토벽돌) 패턴화 사업
  - 시설물(입구 조형물, 보행로 조형물, 디자인 벤치, 맨홀 등) 설치
  - 야간경관 조명 설치

문화로 디자인거리 전경

## □ 추진현황 및 계획

- 기본설계
  -2012년 3월 ~ 12월(완료)
- 주민설명회
  -2013년 2월(2회)
- 차 없는 거리 지정(경북지방경찰청 고시)
  -2013년 4월
- 실시설계
  -2013년 1월 ~ 6월
- 업체계약
  -2013년 7월
- 착공 및 준공
  -2013년 7월 ~ 2014년 9월(완료)

## □ 기대효과

- 구미의 대표 패션 · 경제 · 문화의 거리 조성으로 지역상권 활성화
- 아름답고 예술적인 문화공간 조성으로 지역 문화축제의 장으로 활용

입구 상징조형물

보행로 조형물

친환경 황토벽돌 시공

구미시 문화로(2번 도로)의 경우 구미시 구미역(원평동)을 관통하는 주 도로인 1번 도로의 후면에 위치한 상가밀집 지역으로 구미시가 산업도시로 발돋움하기 이전부터 자연발생적으로 형성된 원도심 지구의 대표적인 상업중심 거리이다. 1970~80년대 국가주도의 국가산업단지 조성으로 구미시의 경우 낙동강을 기준으로 한 공단동 일원에 국가산업 1단지 조성을 시작으로 최근 5단지 조성에 이르기까지 원도심의 외연부를 이용한 산업단지의 조성과 그 배후지역을 중심으로 생활권을 형성하게 되었으며, 이런 과정을 거치면서 새로운 상업지역이 형성되고 원도심은 자연적으로 쇠퇴의 길을 걷고 있다.

문화로를 중심으로 한 원평동 일원 역시 1990년을 기점으로 인구감소 및 사회기반시설의 이전 등으로 도심의 기능이 저하되어 가고 있다. 이로 인하여 상권은 급격히 침체되면서 주변의 도시경관 역시 훼손되어 과거의 명성을 찾아보기가 힘들어졌다. 이에 지난 수십 년간 이곳을 생활터전으로 살아온 상인회를 중심으로 상권 활성화를 위한 움직임이 일어났고 행정당국에 여러 가지 활성화 방안을 요청하였다. 2000년 초반부터 상권 활성화를 위해 많은 의견들이 있었으나 주변의 노점상 등

바닥부 LED 조명 매입 및 가로등 설치

상가 입구 슬로프

전신주 목재마감

여러 가지 이권들의 개입으로 계획은 무산되어 왔다. 그 후 2011년부터 문화로의 보행환경의 문제와 주변경관의 문제가 다시 대두되었고, 2011년 문화로의 대표적인 광장인 농협 앞에 트레비 분수광장을 조성하여 청소년들의 문화공간 마련을 시작으로 2012년 난립해 있던 간판에 대하여 간판 정비사업을 추진하는 등 본격적인 주변경관 정비와 상권 활성화에 박차를 가하였다.

2012년 기본설계를 시작으로 문화로 디자인거리 조성사업을 본격적으로 시작하였다. 문화로 디자인거리 조성사업은 전적으로 거리의 주인인 보행자와 상인들에게 초점을 맞추었다. 설문조사 및 주민설명회를 통해 많은 의견을 수립코자 하였으며, 자문회의를 통하여 전문가의 의견을 수렴하는 등 지역민과 전문가 집단의 전문성을 접목하였다.

주민설명회를 진행하면서 차 없는 거리의 필요성이 대두되었고, 상권 활성화를 위해 차 없는 거리 시행은 반드시 필요하다는 의견이 모아졌다. 그리하여 교통관련 심의의결을 거쳐 문화로 디자인거리 조성사업 완료 후 보행자 중심의 차 없는 거리를 시행하게 되었다. 문화로 디자인거리의 디자인 방향은 다음과 같다.

**여성친화디자인(Women Free System)**

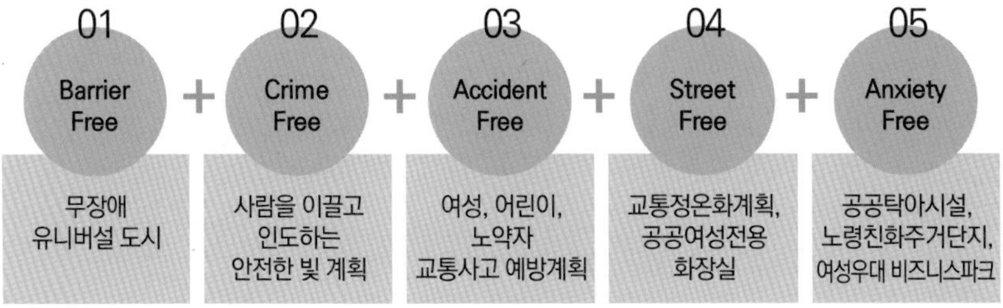

| 01 Barrier Free | + | 02 Crime Free | + | 03 Accident Free | + | 04 Street Free | + | 05 Anxiety Free |
|---|---|---|---|---|---|---|---|---|
| 무장애 유니버설 도시 | | 사람을 이끌고 인도하는 안전한 빛 계획 | | 여성, 어린이, 노약자 교통사고 예방계획 | | 교통정온화계획, 공공여성전용 화장실 | | 공공탁아시설, 노령친화주거단지, 여성우대 비즈니스파크 |

- 여성의 밤거리 안전 확보를 위한 가로등, 보안등 설치 및 조도개선
- 성인지적 관점에서 여성을 배려하는 시설물 설치
- 여성의 편안한 보행 안전을 배려하는 보도블럭 개선
- 여성의 활발한 경제·문화활동을 지원하는 공간 조성

□ **안전한 보행환경 조성을 위한 세부 추진사항**

- 기존의 아스팔트 바닥을 친환경 황토벽돌을 패턴화하여 쾌적한 보행환경 및 혹서기에는 주변 온도를 약 2-3도 정도 떨어뜨려 보행하기에 보다 용이하도록 하는 데 초점을 맞추었다.

- 기존 상가입구에 제각각이던 박스형 발판을 슬로프 형으로 제작하여 보급함으로써 유모차, 장애인 등 사회약자에 대한 서비스디자인(Service Design)을 제공하는 계기를 마련하였다.

- 각 교차로의 시작부에는 차량 진입방지 볼라드를 설치하였는데, 기존 바닥에 매입(고정)식으로 계획을 하였으나, 소방차 및 응급차가 신속히 진입을 할 수 있도록 이동형 볼라드를 설치하여 유사시 신속한 응급대응을 마련하였다.
  ※ 소방서, 경찰서, 교통행정과, 도로과 등 유관기관과 수차례 협의 후 결정

- 주요지점에 상징조형물을 설치하여 문화로의 상징성을 부여, 상권 활성화에 기여하였다.

- 경관을 해치는 가장 주요 요인인 전신주 지중화를 추진하였으나 지역적 특수성(기존 지하매설물의 과다) 때문에 엄청난 지중화 비용 발생으로 지중화 추진은 백지화되면서 전신주를 이용한 디자인 요소 개발을 통한 경관개선을 실천하였다.

- 시정홍보 및 재해재난 알림 서비스를 위하여 홍보전광판을 설치하였다.
  ※ 구미역 후 광장으로 이전 설치

- 노후화된 가로등을 효율성이 높은 LED 가로등으로 교체하였다.

- 주변 도로에서 문화로로 진입하는 차량의 야간 인지성을 높이기 위하여 발광형 교통안내판을 설치하였다.

- 보행로에 분포해 있던 맨홀 뚜껑, 우수관로 덮개 등에 여성 보행자의 구두굽이 빠지는 사례가 많이 발생하여 여성 및 어린이 등의 안전을 위해 교체하였다.

교차로 구간에 이동형 볼라드 설치

위의 내용과 같이 당초 노후화 및 안전을 위협하는 주변 시설물과 보행자를 위협하는 통행 차량 등으로 인해 상권 침체와 보행자의 안전이 위협을 받았던 문화로 거리는 보행자의 안전을 고려한 통합적 디자인 계획과 그에 따른 실천을 통한 문화로 디자인거리 조성사업 및 차 없는 거리 시행을 통해 사업종료 후 쾌적한 도시환경과 사용자(보행자)의 안전을 배려한 시설물 등으로 최근 유입인구가 눈에 띄게 증가하고 있으며, 주변 상권의 매출 역시 점진적인 증가 추세에 있다.

결론적으로 특정한 공간의 활성화는 시각적인 경관요소의 변화에도 일부 영향을 받을 수 있지만, 사용자의 행태(行態)에 변화를 줄 수 있는 물리적 요소가 병행되었을 때 더욱 효과적이라고 추론할 수 있다.

# TOPIC #7.

## "Placemaking Safety"

_공간의 테마 브랜드화를 통한 안전디자인

# #7.
# 지역환경 개선을 위한 CPTED_ 시흥시 정왕동 '노란별길'

CPTED for 'The Yellow Star Street' in Siheung-si to Improve the Local Environment

저자 **신재령** | 현 시흥시청 도시교통국 경관디자인과 도시디자인팀장

시흥시는 '더불어 함께 만들어가는 여성친화도시' 비전을 제시해 지난 2010년 여성가족부로부터 여성친화도시로 지정됐다. 시는 아동과 여성들에게 안전취약지역으로 인식돼 온 시화베드로 성당으로부터 군서초등학교까지 약 500m에 이르는 거리에 여성친화 시범거리 '노란별길'을 조성하였다. 주변 공원과 연계된 도로를 공원으로 변경하여 주민 커뮤니티 공간으로 활용하기로 했고, 시흥 경찰서와 협의하여 노상주차장 구간을 군서초등학교 학생들의 안전한 등하교를 위한 통학로로 내어주고 지역주민들이 함께 만든 화분에 꽃을 심어 차도와 공간적으로 분리하였다. 지저분한 가로등 주변을 청소하고 정리한 뒤에 친근한 이미지와 명시성 높은 색채, 이해하기 쉬운 형태를 기조로 한 특화디자인을 적용하였고, 번호가 붙은 환한 가로등은 아이들과 주민에게 심리적 안정감을 주었다. 또한 아동대상 범죄를 예방하고 안전한 학교환경 조성을 위해 아동안전지도를 제작하고 아동대상 성범죄 예방 교육과 가로등 설치 등을 추진했다.

—
Ref. 시흥시여성친화도시 3주년 기념포럼자료집, 2014.12.10

## □ 조성개요

- 배경
  - 아동과 여성에게 안전취약지역으로 인식되어 온 공단 배후도시 정왕본동에 여성친화도시 시범사업으로 추진
  - 초등학교 주변 환경개선을 통해 지역주민 스스로 환경을 개선하고 아동과 여성이 안심하고 다닐 수 있도록 특화디자인 적용

- 사업기간
  - 2013년 2월 ~ 12월

- 대상지
  - 시흥시 정왕동 군서초등학교 주변 일대

정왕동 군서초등학교 주변 460m

대상지 현황

- 목적
  - 야간 범죄는 어둡거나 쾌적하지 못한 환경에서 비롯되는 경우가 많으므로 불안감을 해소할 수 있는 주변환경 개선을 통해 주민 삶의 질 향상에 긍정적 작용을 주기 위함

- 주요사업
  - 보안등 3개 설치, 조도 상향 및 위치 조정
  - 여성친화도시관련 주민 설문조사(500여 명)
  - 불법 의류수거함 8개 철거 및 광고물 수거
  - 여성친화도시 시범거리 적용 디자인 제작
  - 주차선 삭제 목재 화분 90개 설치
  - 인도 확보를 통한 커뮤니티 공간 조성
  - 노란별길 LED등 14개 및 부착방지 시트 28개소
  - 공원 리모델링 주민 커뮤니티 공간 확보
  - 이야기가 있는 우리 동네 작은 음악회
  - 노란별길 인도 데크 설치 공사
  - 아동안전지킴이집 지정 운영
  - 여성친화도시 시범거리 공모사업 선정(2014.06)

    ※정왕본동 마을대표단 : 노란별길 거리환경 정비 / ※여성친화도시협의체 : 노란별길 이야기

## □ 디자인 컨셉

- 기본테마 : '별을 달아주세요'

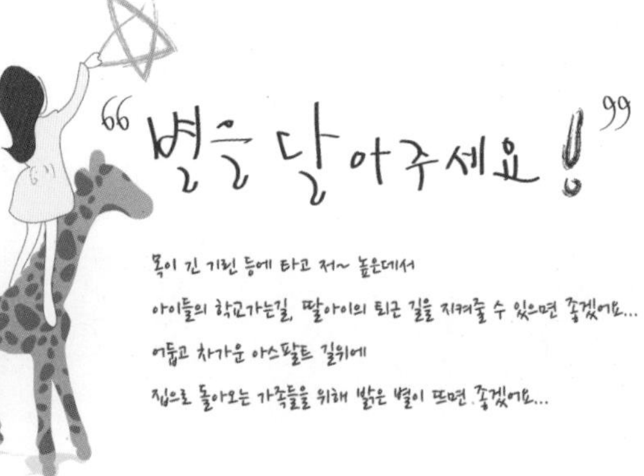

- 엠블렘

- 패턴

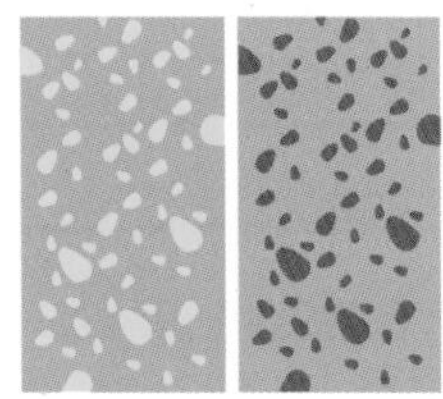

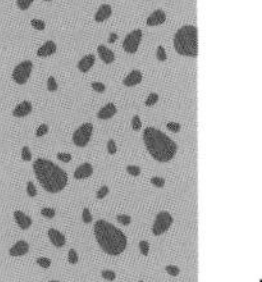

M30 Y100 Y100 M40 Y100 K30 K100

- 전신주 적용 도면

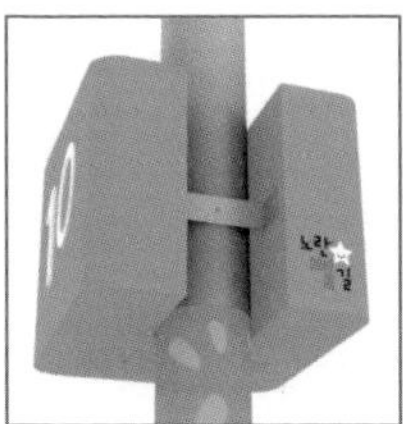

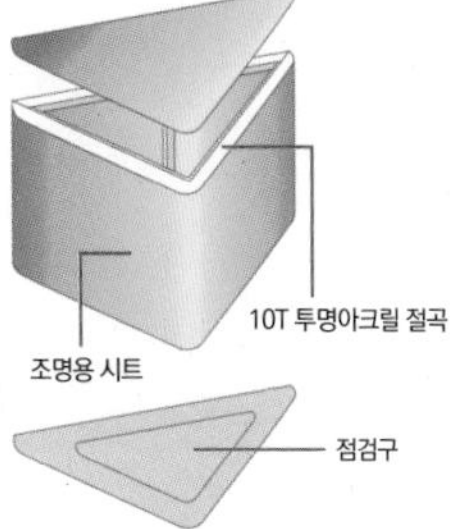


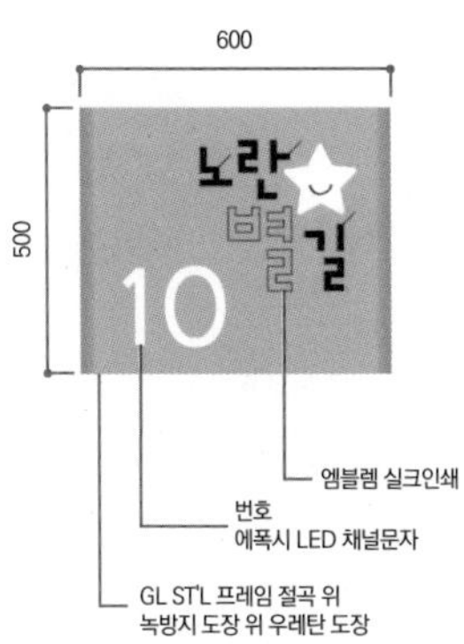


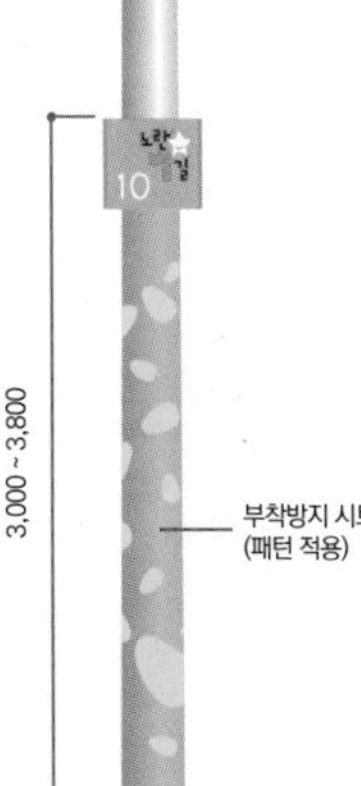

노란별길 적용 전
좌측부터. 관리되지 않은 수목과 쓰레기 / 통학로 없는 스쿨존 / 내부가 보이지 않는 높은 메타세콰이어

### 군서초등학교 주변의 '안전한 길'에 대한 생각

디자인 협조를 의뢰받고 이 길을 방문했을 때 처음 든 생각은 '아이들이 대체 어디로 등교하는 것일까'였다. 높은 철망담장과 이리저리 갈 곳 모르고 뻗어 있는 수목들 옆으로 빼곡히 주차된 자동차들... 건물과 자동차들 사이에 남은 아스팔트 도로 위를 걷고 뛰며 등교하는 아이들을 상상했다. 굳이 '스쿨존'이라고 이름을 붙이지 않더라도 누구나 안전하게 주택가 이면도로를 걸을 수 있는 자유가 필요해 보였다.

노란별길 적용 후 화분배치를 통한 통학로 조성

그런데 그게 전부가 아니었다. 밤길을 걸어 퇴근하는 자녀를 걱정하는 부모님들의 마음 또한 전해 들었다. 아이들이 오고 가는 길을 내내 지켜 줄 수 없으니 차를 세워 놓았던 공간에 화분을 만들어 꽃을 심고 물을 주면서 무섭고 컴컴한 길을 함께 정리하겠다는 마을 여러분의 의견을 듣고서 내 마음에도 별이 뜨는 상상을 했다. 현장에서 함께 고민하고 실행을 도왔던 가족여성과 여성친화팀, 여성친화협의체 모두가 진심을 다한 결과라 생각한다.

데크작업 전 화분완료

좌측부터. 여성친화협의체 회의 / 아동안전지도 제작 / 즐겁게 함께 참여하는 아이들

좌측부터. 주차선 지우기 작업 / 목재화분 만들기 / 목재화분에 꽃심기

# TOPIC #8.

## "Marine Safety Design"

_해양 공간환경의 안전을 위한 디자인적 시각의 필요

## #8.
# 해양과 안전디자인

Marine and Safety Design

저자 **임현택** | 현 4·16세월호 특별조사위원회 기획행정팀장

해양에서든 육역에서든 디자인은 대상의 디테일을 바라보고 만들게 하는 최적의 수단입니다. 예를 들어 육역에서의 계획인 경관설계지침에 따르면 기본경관계획은 1/25,000 ~ 1/10,000의 축척에서, 특정경관계획은 1/5,000 이상의 축척에서 계획하도록 되어 있습니다. 이러한 계획들은 국토 경관에 대한 상위계획으로서 중요한 역할을 수행하지만, 휴먼스케일의 기준보다 거시적이고 물리적 차원의 계획이 이루어지게 합니다. 디자인 계획에서는 스케일을 논하기 어려울 정도로 미시적인 차원까지 접근하여 공간환경의 디테일을 살핍니다. 즉, 디자인적 연구는 연구대상의 범위와 스케일을 한정하지 않고 융통성 있고 실질적인 방식으로 진행한다는 점이 큰 매력이라 할 수 있습니다. 해양에서도 수많은 안전기술과 안전계획들이 있습니다만 안전디자인이라 칭하는 대상은 물리적인 것뿐 아니라 콘텐츠와 소프트웨어적 해결책을 포함하고 있습니다.

기존의 공학적, 기술적 관점의 안전 해결책은 매우 중요한 요소이지만 주로 대상과 구축물 중심의 엔지니어링과 설계를 기반으로 안전계획을 진행하게 됨에 따라 물리적인 차원의 환경개선과 하드웨어적 개념이 강한 성향의 계획을 갖게 됩니다. 같은 대상을 디자인의 관점으로 바라보고 연구하면 다른 가치의 결과를 가져옵니다. 안전디자인 관점으로 보자면 공간환경에 대한 문화, 사용, 환경친화, 범죄예방, 유니버설 등을 중시하는 소프트웨어적 측면이 강화된 계획안을 받아볼 수 있습니

다. 따라서 안전디자인과 안전공학, 기술 등은 상호 보완적 계획으로서 해양을 비롯한 우리의 공간 환경에서 안전을 추구하기 위한 중요한 방법입니다. 그 중 안전디자인은 여러 계획들을 물리적·내용적으로 보다 가치 있게 만들어주는 역할을 한다고 생각합니다.

이제 해양권역의 안전에 대한 다음 차원에서의 준비와 연구가 필요하다고 생각합니다. 해양권역에 대한 안전가치를 우선적으로 발굴하기 위해서는 디자인적 접근, 연구가 선행되어야 할 것입니다. 공공디자인과 시범디자인 사업 등 육역에 대한 디자인적 연구집중에 비해 해양권역에 대한 디자인적 연구는 현재 불균형 상태에 있고, 연안 경관 등 경관적 차원으로 다루어지고 있으며 지역디자인 혁신산업을 통해 해양산업의 경쟁력 강화를 위한 연구측면에서 주로 이루어지고 있습니다. 우리 국토의 중요한 일부인 해양에 대한 안전가치를 부여할 수 있는 관점에서의 연구가 보완되어야 할 때입니다.

이러한 연구를 통해 해양 안전디자인의 대상과 영역, 위계를 명확히 하고 이에 따른 기본전략과 세부 시행사업들에 대한 계획이 체계적으로 이뤄져야 한다고 생각합니다. 명확한 정의와 대상, 요소의 위계를 정립하고 기본 발전전략을 세우는 것은 매우 중요합니다. 해양 안전디자인의 대상을 연안영역과 같은 물리적 공간에 대한 디자인적 계획뿐 아니라 해양산업 시설과 같은 인프라에 안전 확보를 통한 사용가치를 증대시킬 수 있는 방법 그리고 모든 디자인의 대상인 '사람'을 중심으로 하는 재난, 범죄예방 및 유니버설, 지속가능 디자인에 대한 해양권역 및 시설에 대한 적용방식에 대한 기본연구도 필요할 것입니다. 국내에 명확히 정리되어 있지 않은 해양 안전디자인의 개념을 정리해야 할 것이고, 그 가치의 우선권을 선점해야 할 것입니다.

### □ 해양 안전디자인의 필요성

- 해양산업기술력에 비해 디자인적 연구분야 미흡
  (조선산업 국내 디자인 기여도 8%, 외국 35%, 국내 타 산업분야 디자인 기여도 평균 40%)
- 해양 시설물 및 공공건축, 구조물에 대한 안전의식 전환 필요
- 해양의 공간환경적 특수성을 고려한 안전디자인 계획 필요
- 해양 공간환경의 안전관리를 위해 명확한 정의와 대상요소에 대한 위계의 정립 및 관리방안의 전략연구 필요
- 해양환경관리법(2008년), 연안관리법, 항만친수시설의 조성 및 관리에 관한 지침, 공유수면관리법 등 관련법 지원

□ **해양 안전디자인 관련한 디자인 후보군 선정**

- 해양 안전디자인 기술(Marine Safe Design Standard) 개발
- 해양 안전디자인 인증(SBD : Safety by Design) 시스템 개발
- 해안침식 방지를 위한 지속가능한 연안 페이빙(paving) 안전디자인 개발
- 해중림 등 안전한 해양공간을 위한 침식방지 공간디자인 방안
- 하구역 수질개선 비점오염원 유입방지 공간디자인
- 방파제 낚시 및 유람선 안전 낙하사고 예방 공간환경디자인 개발
- 해양방재 등 긴급상황 알림 및 방지 디자인
- 해양 안전사고 대응 매뉴얼 작성
- 해양 기반시설의 방염화 디자인 개발
- 관광객 접근성 제고와 사용성 증대를 위한 기반시설 공간디자인
- 해양 공간환경디자인 안전관리 매뉴얼
- 복합 안전항만 공간환경디자인
- 레저기반시설 안전디자인 기술 개발
- 생활 안전형 도시어촌 수변공간디자인 개발
- 해양 안전디자인 시범조성 사업
- 해양 안전디자인 환경설계를 적용한 서비스디자인 개발
- 해양 시설 경관조명사업
- 해양 마린-케어 디자인 계획(해양 공간환경을 통한 건강공간 조성)
- 주민 참여를 통한 해안지역 활성화 디자인 사업
- 해안 정주공간 개선 사업
- 편안하고 이용하기 쉬운 안전한 항만 만들기 사업
- 해양 항만 및 플랜트 안전디자인 계획
- 해양 구조물을 활용한 해양 안전문화 공간 조성
- 해수욕장 워터프론트 안전 서비스디자인 리노베이션 개발
- 해양 안전 및 생활형 지원공간 프로토타입 디자인 개발

# TOPIC #9.

## "Design Guidelines for Safety"

_안전한 공원을 만들기 위한 디자인 가이드라인

# #9.
# 범죄예방을 위한 공원의 CPTED 적용방안

CPTED Measures Applied in the Park for Crime Prevention

저자 **이형복** | 현 대전발전연구원 책임연구위원 / 도시안전디자인센터장

국내 많은 도시들이 고도의 산업사회로 진입하게 되면서 급격한 수평·수직적 팽창을 겪고 현대도시의 전형적 특성인 고밀도, 혼잡성, 다양성, 익명성을 띄게 되었다. 이와 같은 도시화 과정 속에 전통적인 가치관과 사회규범은 붕괴되기 시작했으며, 도시범죄 또한 나날이 증가되고 있는 추세이다. 늘어나는 도시범죄에 대한 효율적인 대책을 세워야 한다는 사회적 요구가 늘어남에 따라 정부 차원에서 사회적 약자인 여성과 노인층, 아동들에 대한 피해 예방책이 면밀히 검토되고 있다.

최근 정부는 도시계획 측면에서 지역주민의 삶의 질 향상과 쾌적하고 안전한 도시 조성을 위한 노력으로 CPTED(Crime Prevention Through Environmental Design) 도입을 적극 검토하고 있다. 국토교통부에서는 시민들이 자주 이용하는 공원에 대하여 범죄예방 설계 도입의 필요성을 느끼고 2012년 '도시공원 및 녹지 등에 관한 법률 시행규칙' 개정을 통해 신규 공원조성 계획 시 범죄예방 계획수립을 의무화하도록 했다. 구체적으로 도시공원의 범죄예방 안전기준을 마련하였고 공원을 계획·조성·관리함에 있어 고려해야 할 5가지 일반원칙을 제시하였다. 또한 '도시공원·녹지의 유형별 세부기준 등에 관한 지침' 개정을 통해 보다 명확히 도시공원 이용자의 안전을 위한 13가지 기준(제4절 범죄예방을 위한 도시공원의 계획·조성·유지관리 기준)을 제시, 계획·설치·유지관리 기준에 따라 보완계획을 수립 및 시행하도록 하였다.

본 원고에서는 한 차원 높게 시민들에게 다가가는 안전한 공원환경 정비사업을 추진할 수 있도록 CPTED를 적용한 선진국의 사례분석과 시사점 도출을 통해 공원에의 CPTED 적용 필요성과 안전한 공원 조성을 위한 바람직한 정책방향을 제시하고자 한다.

### CPTED의 탄생과 원리

CPTED라는 용어는 1971년 레이 제프리(Ray Jeffery)의 도시설계(Urban Design)와 범죄와의 상관관계를 설명한 『Crime Prevention Through Environmental Design』을 통해 알려지기 시작했다. 그러나 건축과 도시의 물리적 환경을 개선함으로써 범죄예방 효과를 거두고자 하는 CPTED 개념이 시설과 범죄의 관련성에 기초하여 체계화된 것은 제이콥스(Jane Jacobs)가 1961년에 발표한 『위대한 미국 도시들의 죽음과 삶(The Death and Life of Great American Cities)』에서라 할 수 있다. 이론적으로 제시된 CPTED는 1971년 미국 법무부와 웨스팅하우스 전력회사(Westinghouse Electric Corporation)가 주관한 대형 연구조사 프로젝트를 통해 상가와 교통시설 및 학교 등지에 적용되었으며, 이 결과가 현재의 CPTED 기법의 골격을 이루고 있다. 이후 1972년에는 웨스팅하우스 프로젝트에 참가하였던 뉴먼(O. Newman)에 의해 CPTED의 원리 중 하나인 감시·접근통제 영역에 대한 중요성이 제시된 『방어공간(Defensible Space)』이 발행되었다. 이후 미국

전역으로 확산된 CPTED 연구 및 실용화 작업을 통해 1980년대에 이르러서는 각 지역의 건축관계 법령에 CPTED 원칙이 반영되었으며, 건축설계 감리 및 평가에 관한 법령들은 건축설계 실시 시 CPTED의 고려를 의무화하기 시작하였다.

미국 건축가협회는 1993년에 '전국 셉테드 학술대회 (National CPTED Conference)'를 개최하였으며, 1995년에는 '전미 시장협의회(The U.S. Conference of Mayors)'에서 CPTED 학술대회를 동시에 개최하여 전국의 시장들을 대상으로 한 CPTED 개념 및 기법 채택여부 조사결과를 발표하기도 했다. 미국의 범죄예방연구소(National Crime Prevention Institute, NCPI)는 CPTED를 '적절한 디자인과 주어진 환경의 효과적인 활용을 통해 범죄발생 수준 및 범죄에 대한 두려움을 감소시키고 삶의 질을 향상시키는 것'이라 정의하고 있다. 구체적으로는 적절한 건축설계나 도시계획 등 도시환경의 범죄에 대한 물리적 환경변화와 개선을 통하여 범죄가 발생할 기회를 줄이고자 하는 것이다. 또한 잠재적 범죄자의 입장에서 볼 때 검거의 위험을 증가시켜 범죄목표를 보존함으로써 주민들이 범죄에 대한 두려움을 덜 느끼고 안전감을 유지, 궁극적으로 삶의 질을 향상시키는 종합적인 범죄예방 전략이라 말하고 있다. 1980년대부터는 미국 이외에 캐나다·영국·네덜란드·호주·일본에서도 CPTED 개념에 입각한 연구와 법규개정 및 실무적용 사례들이 급격하게 증가되었으며, 도시계획 및 건축 그리고 공공 및 민간경비 분야로부터 많은 관심과 투자가 이어지고 있다.

CPTED의 원리는 여러 분야의 전문가들에 의해서 다양하게 정의되고 있지만 대부분 뉴먼의 방어공간이론에 기초한다. 모펫(Moffat)에 의하면 CPTED는 자연적 감시, 자연적 접근통제, 영역성, 활용성 증대, 유지관리 5가지로 구분될 수 있다고 한다. 그러나 거시적 차원에서 정리해 보면 접근통제 및 자연적 감시, 영역성 강화라는 3가지의 기본전략과 활용성 증대, 유지관리라는 2가지 부가전략으로 이루어진다. 주요내용은 다음 표와 같다.

| | CPTED의 원리 | 내용 |
|---|---|---|
| 기본원리 | 1. 자연적 감시 (Natural Surveillance) | 피해를 당할 가능성이 있는 피해자를 보호하기 위해 범죄의 구성요소인 피해자, 범죄인, 장소(환경을 구성하는 요건)들 간의 상관성을 분석하여 일반인들에 의한 가시권을 최대화시킬 수 있도록 건물이나 시설물을 배치함 |
| | 2. 접근통제 (Access Control) | 사람들을 도로, 보행로, 조경, 문 등을 통해 일정한 공간으로 유도함과 동시에 허가 받지 않은 사람들의 진출입을 차단하여 범죄목표물에 대한 접근을 어렵게 만들고 범죄행위의 노출을 증대시킴 |
| | 3. 영역성 (Territoriality) | 어떤 지역에 대해 지역주민들이 자유롭게 사용하거나 점유함으로써 그들의 권리를 주장할 수 있는 가상의 영역을 의미함 |
| 부가원리 | 4. 활용성 증대 (Activity Support) | 공공장소에 대한 일반시민들의 활발한 사용을 유도 및 자극함으로써 그들의 눈에 의한 자연스런 감시를 강화하여 인근 지역의 범죄위험을 감소시키고 주민들로 하여금 안전감을 느끼도록 함 |
| | 5. 유지관리 (Maintenance and Management) | 어떤 시설물이나 공공장소를 처음 설계된 대로 지속적으로 이용될 수 있도록 함 |

## 선진국 공원의 CPTED 적용사례

미국의 사례 : Virginia주는 1994년 '토지규제법 15.2-2283'을 개정하면서 조명, 접근성과 같은 환경적 요인이 범죄에 영향을 미친다는 것을 인정하고, CPTED의 기본원칙을 '①자연감시, ②자연적 접근통제, ③영역성'으로 구분하면서 보조원칙으로는 '④활동성 증대, ④유지관리'를 전제로 하였다. 또한 2005년 공원에서의 안전을 확보하기 위해 'Virginia주 공원 CPTED 가이드라인(Virginia Crime Prevention Association & Virginia CPTED Committee 2005)'을 작성하여 배포하였다. 이 가이드라인은 '많은 사람이 사용할수록 안전해진다'는 대전제로 시작하고 있으며 공원에 대한 CPTED 지침은 다음 표와 같다.

| Virginia주 공원 CPTED 가이드라인 | |
|---|---|
|  자연감시 | -주차장, 피크닉 장소, 초입, 건물 등 야간이용시설은 도로 주변이나 다른 공원활동시설 근처에 배치. 모든 배치는 충돌을 유발하지 않으면서 감시성은 높아야 한다.<br>-어린이 이용시설, 공중화장실은 직원사무소 근처에 위치시키고 자전거도로, 인도는 공원 활동시설 근처나 상업·주거용 시설과 동선을 일치시켜 이용량을 늘린다.<br>-야간 개방공원은 조명을 적절하게 설치해야 한다.<br>-벤치는 이용자들이 정기적으로 이용하여 자연감시가 이루어지고 영역성이 드러날 수 있는 곳에 배치해야 한다.<br>-나무는 주변의 시야를 방해하지 않도록 식재해야 한다. |
|  자연적 접근통제 | -비운영 시간에는 차량 출입구를 폐쇄한다.<br>-공원 내 건물의 가시성을 높이고, 특히 밤에 사용되는 시설은 조명으로 눈에 띄게 해야 한다.<br>-사유지와 공유지의 구분을 확실히 해야 한다.<br>-이용빈도가 높지만 고립되어 있어 위험할 수 있는 산책로는 우회로를 만들어 이용자가 선택할 수 있도록 해야 한다.<br>-공원 이용시간은 안내판에 명확히 기재해야 한다.<br>-입구나 주출입구 게이트의 표시를 정확히 하여 공원 내로의 접근을 통제한다. |

Ref. Virginia Crime Prevention Association & Virginia CPTED Committee(2005) 중 CPTED Guidelines.

Washington주 Federal Way시의 '법(FWCC, Federal Way City Code) 22-1630'에서는 CPTED의 기본전략을 '①자연감시, ②접근통제, ③주인의식'으로 분류하고 있다. 이에 근거하여 작성된 Federal Way시 공원 CPTED 가이드라인 중 공원·공개공지에 관련된 안전점검 사항에는 다음 표와 같이 자연감시, 조경, 표지판, 유지관리 항목들이 포함되어 있다.

| Federal Way시 공원 CPTED 가이드라인 | |
|---|---|
| **자연감시** | -사람들이 쉽게 지켜볼 수 있는 공간에 위치하고 깨끗한 디자인<br>-공원, 광장, 공공용지, 놀이터는 주변 건물들의 후면이 아닌 정면에 위치<br>-쇼핑센터와 같은 건물은 공원과 도로를 향하고 있어야 함 |
| **조경** | -공원에서 수목과 식생은 일정 시설물에 대한 불법적인 접근을 저지하는 장애물로 사용<br>-공원 내 건축물이나 인접한 건축물로 침입하는 것을 돕는 수목식재를 지양 |
| **표지판** | -공원 내 표지판은 시인성이 강한 컬러, 표준화된 심볼, 그리고 정보전달에 용이한 단순한 그래픽을 사용<br>-공원 내 주차시설에는 계단, 승강기, 출구의 방향을 보행자나 차량 이용자가 쉽게 인식할 수 있도록 가시적으로 표시 |
| **유지관리** | -공원의 주요 시설과 공간들은 항상 충실히 돌봄(cared for)을 받고 있다는 인상을 심어줄 수 있도록 함 |

Ref. City of Federal Way, WA(2004) 중 Crime Prevention Through Environmental Design Checklist Instructions.

영국의 사례 : 2004년 영국 부총리실에서 작성한 범죄예방 가이드라인은 범죄예방만이 목적이 아닌, 다양한 수단을 통해 더 안전하고 좋은 환경을 만드는 것에 초점을 두고 있다. 도시계획을 통해 삶의 질을 향상시키고 지속가능한 매력적인 환경을 만드는 종합적인 목표를 규정하고 있는 것이다. 또한 범죄로부터 안전한 도시를 만들기 위한 7가지 필요요소를 '①접근과 동선, ②구조, ③감시, ④주인의식, ⑤물리적 보호, ⑥활동성, ⑦관리와 유지·보수'로 규정하고 연구결과를 통해 일반적인 가이드라인을 작성하였다. 실제로 Sunderland주의 Mowbray park를 대상으로 일부 요소를 적용한 결과, 보수공사 이후 범죄발생이 급격히 줄어든 것(공원의 야간 이용금지, 동선 최소화 등의 기법을 적용하여 범죄발생 건수가 월 30~50건에서 10건으로 감소)을 분석결과로 제시하여 공원에 대한 CPTED 적용 효율성을 증명하였다.

**Mowbary park, Sunderland의 CPTED 전략사례**

선택적 나무 벌채는 범죄자의 은폐기회 축소 효과

어린이공원 내에서 전방향에서 볼 수 있도록
열려 있는 공원으로 보수

Ref. Office of the Deputy Prime Minister(2004) 중 Safer Places : the planning system and crime prevention.

호주의 사례 : Queensland주 정부는 범죄로부터 안전한 환경을 만들고자 '①감시(Surveillance), ②명확성(Legibility), ③영역성(Territoriality), ④주인의식(Ownership), ⑤유지관리(Management), ⑥취약성(Vulnerability)'의 6가지 전략을 제시하고 있다. 이 전략에 따라 여러 종류의 용지에 적용할 수 있는 CPTED 전략을 세부적으로 제시하고 있는데, 그 중 공원의 공중화장실과 스케이트 공원에 적용할 수 있는 전략은 다음과 같다. 특히 화장실 주변에 의자설치를 지양하여 의자에 앉아서 화장실을 이용하는 약자를 대상으로 한 범죄기회를 차단한다는 지침이 인상적이다.

| Queensland주 공원 CPTED 가이드 | |
|---|---|
| **용지구분** | **CPTED 가이드라인** |
| **공중화장실** | -설치장소는 이용자의 눈에 잘 띄게 하여 공격의 대상으로 삼기 어렵게 하고, (순찰근무자) 유기적인 감시가 가능하도록 해야 함<br>-화장실 주변에 의자를 설치하지 않거나 화장실 입구의 근접한 곳에 공중전화를 설치하여 범죄기회를 노리고 주변을 배회하는 자들의 시도 차단<br>-공중화장실의 입구를 주변의 통행로나 다른 공공장소에서 잘 보이는 곳으로 위치하게 하여 안전을 확보 |
| **스케이트 공원** | -스케이트 공원은 공공시설물의 근처에 설치하고, 활발한 상업가로나 공공구역에서 시야가 충분히 확보되도록 함<br>-잘못된 조경과 지형 등으로 범죄자의 은신처가 발생하지 않도록 유의함<br>-스케이트 공원은 안전한 대중교통시설이나 자전거통행로 근처에 배치함<br>-소음방지를 위한 벽이 시야를 가리거나 낙서를 유발하는 경우가 많으므로 가급적 설치를 지양하되 설치 시에는 가시적이고 파손에 강한 재질로 디자인함 |

Ref. The State of Queensland(2007) 중 Crime Prevention through environmental Design Guidelines for Queensland.

Western Australia주 정부 CPTED 가이드라인의 공원 CPTED 전략은 크게 3가지로 구분할 수 있다. '①다양한 계층의 건전한 공원 사용을 장려, ②안전하지 못하고 침체된 환경이 되지 않도록 설계, ③범죄의 기회를 감소시키기 위한 계획과 재료 및 조명 확보'이다. 이를 공원에 적용할 때 필수적으로 고려해야 하는 요소를 정리하면 다음 표와 같다. 특히 '지면보다 고도가 낮은 보행로 배치를 지양해야 한다'는 지침은 공원 설계사들이 표고차를 고려하면서 보행자의 안전감 향상을 위해, 그리고 범죄기회의 제거를 위해 무엇을 고려하고 신경써야 하는지에 대한 답을 주고 있다고 볼 수 있다.

| Western Austrailia주 공원 DOC 전략 | |
|---|---|
| 분류 | 고려할 요소(Factors to Consider) |
| 설계와 이용자 | -장시간 활동을 하는 사람들이 있고 다양한 활동요소로 둘러싸인 곳에 배치함<br>-가독성, 방향성, 편의성을 높임<br>-공급되는 음용수 수질의 안전을 확보<br>-과도한 설계와 사용의 제한, 지하시설이나 사각지대는 피하도록 함<br>-청소년 레크리에이션 구역을 정해서 시야에 잘 들어오도록 함<br>-지면보다 고도가 낮은 보행로는 피함<br>-거리 이용자들에 의해 공원이 잘 관찰되도록 계획 및 설계함 |
| 조명 | -통행로와 활동구역 및 표지판에 충분한 조명 설치 |
| 관리·유지 | -정기적인 관리·유지 |
| 주민참여 | -공원의 각종 행사, 관리에 주민들의 참여 및 참여의식 증진 |

Ref. State of Western Australia(2006) 중 Designing Out Crime Planning Guidelines.

### 범죄예방을 위한 우리 공원의 CPTED 적용 기본방향

①기본방향 : 공원의 활용성 향상에 최우선 목표

잘 정비된 공원은 지역사회의 주거환경을 향상시키는 주요한 인프라로서 지역사회의 통합을 위해 안전과 쾌적한 환경조성이 필요하며, 시민들이 여유 있는 휴식시간을 보낼 기회를 제공하여야 한다. 휴식공간의 안전을 보장하기 위해서는 통로, 주차장, 오솔길의 기점, 화장실, 활동이 집중된 지역과 고립된 지역 등에 중점을 둔 설계와 적절한 유지관리가 필요하다. 더불어 공원에서 범죄를 예방하는 가장 좋은 방법은 공원을 없애는 것일지도 모른다. 그러나 공원이 도시민의 심신휴식과 건강, 소통을 위하여 반드시 존재해야 한다면 보다 안전한 공원이 필요한 것이다. 이와 같은 관점에서 보면 공원에서의 CPTED 적용에는 공원의 본질적 기능을 최대한 저해하지 않는 CPTED 적용방안이 우선시되어야 한다. 거꾸로 CPTED의 적용을 통한 안전한 공원은 시민들이 안심하고 공원을 이용할 수 있게 함으로써 공원의 활용성을 향상시킨다고 할 수 있다.

②CPTED 원리에 충실한 공원계획 및 관리

공원과 산책로, 공개된 지역은 다양한 사람들이 사용하는 장소이므로 사용자의 안전을 위해 특별히 CPTED 개념과 전략이 적용되어야 할 지점 중 하나이다. 안전한 공원은 먼저 계획 및 설계 단계에서부터 CPTED 기법을 적용하여 공간 및 조경·시설물 계획이 진행되어야 한다. CPTED 기법이 적용되지 않은 상태에서 조성된 이후에 이를 적용하려 한다면, 시설 공사비는 물론이고 CCTV 등 보조적인 기능을 도입하기 위한 비용이 추가될 수 있다. 또한 당초 설계의도 대로 공원이 제 기능을 하지 못할 가능성도 크다. 자연적 감시, 접근통제, 영역성 확보와 같은 기본원리를 충실히 유지하면서도 활용성을 증대시키고 원활한 유지관리가 될 수 있도록 우리나라 실정에 맞는 CPTED 가이드라인의 수립 및 활용이 필요하다.

③CPTED 설계에서 부족한 부분에 대한 IT기술 도입

CCTV, U-공원 등의 보급 확대에 따라 IT기술이 공원의 안전을 확보할 수 있을 것으로 기대되고 있다. 그러나 CCTV는 개인정보 보호 등의 관점에서 좋은 대안이 아니다. 또한 이러한 기술은 대규모 초기 투자비뿐 아니라 유지관리에도 많은 비용이 소요되어 '빈익빈 부익부' 논쟁을 유발함으로써 사회의 갈등요인이 될 수도 있다. IT와 접목되는 기술들은 자연적 감시가 불가능한 차폐 지역에 대한 감시, 경비인력이 부족한 지역에 대한 비상시 호출서비스 등과 같이 최소한의 역할을 수행하도록 해야 한다. 특히 일부 보안장비는 시민에게 위압감을 느끼게 하거나 감시받는 느낌을 전달할 수 있으므로 이를 최소화할 수 있는 디자인적 고려가 필요하다.

최근 활발히 논의되고 있는 통합적 U-방범시스템을 공원에 적용하는 것도 가능하다. GPS 시스템, 범죄인지 및 자동 추적기능을 가진 CCTV, 비상벨 등을 이용한 위험경보 시스템, 센서 및 스피커를 부착한 가로등주 등이 그 예이다. 이러한 시스템은 통합적으로 구성되어 위험상황을 인지하거나 신고접수를 도움으로써 공원의 안전도를 높일 수 있다. CPTED 개념을 기반으로 하는 공원 계획 및 설계에서 나타나는 부족한 점을 위와 같은 시스템을 통해 보완함으로써 장소의 기능을 향상시킬 수 있을 것이라 판단된다.

**범죄예방을 위한 공원 CPTED 디자인 가이드라인(안)**

공원에 대한 CPTED 가이드라인은 신도시뿐만 아니라 구도심 지역의 계획 및 설계 절차에서도 검토할 수 있는 내용을 포함한다. 공원 CPTED 가이드라인에 대한 기본구상을 다음 표와 같이 제시할 수 있다.

| 공원에 대한 CPTED 적용 가이드라인 기본구상 | | |
|---|---|---|
| 분류 | 가이드라인 기본구상 | 예시 |
| 자연적 감시 | -산책로에는 사람을 유도할 수 있는 유도등과 보행자등을 설치하여 공원을 이용하는 사람의 불안감을 감소<br>-공원 관리실에서 분명하게 보일 수 있는 위치에 입구를 설치하고 야간까지 이용되는 공원이라면 밝은 조명을 비추도록 해야 함<br>-공원의 통로나 표지판은 충분한 조명을 설치하여 야간에도 쉽게 보이도록 해야 함<br>-공원의 조경은 산책길을 따라 관목을 설치하고 안쪽으로 교목을 설치하여 공원 사용자의 시야를 방해해서는 안 됨<br>-수목은 형태와 크기 면에서 일관성을 유지해야 하고, 일정한 간격으로 식재하여 숨을 공간을 만들지 말아야 함<br>-수목은 잘 관리하고 가지치기를 해서 시야를 방해하지 말아야 함<br>-공원이나 운동장은 도로에서 분명하게 볼 수 있어야 함<br>-작은 공원이나 큰 공원의 가장자리는 도로에서 보이도록 설계<br>-산책로 주변은 시야선이 감소되지 않거나 함정지역을 만들지 않도록 다른 형태의 나무와 수목을 식재하여 식물군간 경계를 이루도록 함<br>-어린이 지역과 공중화장실은 이러한 지역의 관찰을 보다 쉽게 하기 위하여 관리인 지역의 근처에 위치시킴<br>-CCTV는 감시인지가 되지 않도록 디자인 유도 |      |

**공원에 대한 CPTED 적용 가이드라인 기본구상**

| 분류 | 가이드라인 기본구상 | 예시 |
|---|---|---|
| **자연적 접근통제** | -갑작스러운 공격을 피하고, 충분한 가시권을 확보하기 위해 오솔길과 숲 가장자리는 최소한 3m 이상 거리를 두어야 함<br>-오솔길과 사적 공간과는 분명히 구분되어야 하나 응급상황이 발생할 경우 보행자가 사적공간을 활용할 수 있어야 함<br>-공원이나 오솔길에 쉽게 읽을 수 있는 표지판을 설치하여 공개시간과 공원구조 등을 표시하고 누구나 쉽게 활용토록 함<br>-잘 배치된 입구 표지판과 출입문은 공원 안으로 접근하는 것을 통제 |   |
| **영역성** | -어린이 놀이터 가족들이 공동으로 사용할 수 있는 시설물을 설치하여, 가족단위의 사용을 유도함으로써 지역주민들로 하여금 휴게시설에 대한 소유감을 높일 수 있도록 함<br>-주차장과 다른 시설 사이의 통로를 분명히 구분해야 함<br>-사람이 모이는 지점이나 접근하는 지점에는 공원에서 지켜야 할 준수사항을 표시한 표지판을 세워 사용자들의 일탈행위를 예방할 수 있어야 함<br>-오솔길에는 표지판을 세워 길 이름과 다중이용시설물의 위치 표시<br>-처음 방문자도 쉽게 이용할 수 있도록 그림 활용도 가능 |   |
| **활용성 증대** | -공원과 휴게시설의 활력이 떨어진 곳은 지역주민들이 자주 이용할 수 있도록 다양한 프로그램을 마련<br>-다양한 사람들이 다양한 시간대에 이용할 수 있도록 함<br>-매일 특별한 시간에 노인들의 산책그룹을 만들거나 유치원이나 초등학교의 소풍장소 등으로 활용 |  |
| **유지관리** | -공원 식재들의 자연적인 성장에 방해되지 않도록 주의<br>-산책로나 오솔길 주변의 나무와 관목은 가시성을 확보할 수 있도록 관리해야 하며, 사각지대나 은폐할 수 있는 장소는 제거<br>-인파가 많은 장소에서는 내구성이 강한 쓰레기통을 적절히 설치하여 공원관리가 쉽게 되도록 함<br>-쓰레기와 낙서와 조경을 망치는 물건은 즉시 제거<br>-공원벤치는 부랑자 등이 장기간 잠을 자는 장소로 사용될 수 없도록 분리대가 있는 벤치를 선택하는 것이 바람직함 |  |

**범죄로부터 안전한 공원을 위한 우리의 노력**

사막에 오아시스가 존재하듯 도시, 특히 대도시의 공원은 누구의 시선도 신경 쓰지 않고 심신을 편하고 자유로이 보낼 수 있는 해방적 공간이다. 마음의 긴장을 내려놓고 이웃과 자유로이 대화를 즐기거나 육아를 위한 놀이공간이라고 해도 좋을 것이다. 또한 때때로 대지진과 화재의 피난장소로도 유효하게 기능한다. 그러나 아쉽게도 최근에는 범죄발생의 불안이 끊이지 않는 공간이 되어버렸다. 심신을 편안하게 하기 위하여 공원을 이용하는 사람들은 무방비 상태로 자신을 놓아버린다. 이 때문에 역으로 범죄자에게 피해자를 공격하기 좋은 장소가 되어버렸고, 범행에 착수하기 전까지 자신을 감추기 위한 장소가 되고 있다. 이러한 시점에서 주목받고 있는 것이 CPTED이다. 그것은 건축설계나 도시계획 등 도시환경의 범죄에 대해 적절한 방어적 디자인을 통해 범죄 발생기회를 줄이기 위한 것이다. 또한 시민으로 하여금 범죄에 대한 두려움을 덜 느끼고 안전감을 유지하도록 하여 삶의 질을 향상시키고자 하는 목적을 가진다. 본 원고에서는 공원에서의 범죄를 최소화할 수 있도록 CPTED 정책도입 마련을 위한 사전작업으로서 가이드라인 기본구상을 제시하였다. 특히 범죄예방을 위한 디자인적 접근방법으로서 무조건적인 통제나 제재가 아닌 도시미관과 사용자적 측면을 고려하여 환경에 적절히 융화되는 방향으로 구상하였다.

선진국에서 도시계획이나 대단위 상업지구, 주거지구, 공원 등의 설계에 적용되어 각광을 받았던 CPTED가 최근 우리나라 도시계획에 있어서도 공원안전을 위한 전략으로 자리매김하고 있다. 정부와 지자체는 경찰과 같은 치안인력에 전적으로 의존하던 기존방법의 체계를 획기적으로 전환하여 환경을 활용한 적극적 방범시스템 구축으로 정책방향을 모색하였다. 이러한 측면에서 시민들에게 범죄로부터 안전한 공원으로 인식되기 위해서는 공원에 대한 CPTED 도입이 필수조건이 되어야 할 것이다.

기고문 2.

# 안전디자인 아젠다
# Safety Design Agenda

**저자 이현성** | LEE, Hyun-sung

현 (사)한국도시설계학회 홍보 안전디자인연구회 부위원장
서울과학기술대학교 디자인학과 겸임교수
한국디자인진흥원 국내우수디자인인증(GD) 심의위원
서울시 공공디자인 초청작가

## 도시 그리고 안전

도시디자인의 주류를 유럽이 이끌고 있는 상황에서 그 흐름을 미국으로 바꿔놓았다는 평을 듣는 제인 제이콥스(1916~2006)가 『미국 대도시의 죽음과 삶(The Death and Life of Great American Cities)』에서 강력하게 주장하고 있는 관점 중 하나는 바로 '도시안전'이었다. 그녀의 저작은 기능주의가 한창이던 시기에 등장하여 미국 사회를 강타했다. 우리의 도시가 기능적 목적을 거의 수행하고 형이상학적인 가치를 추구하려는 움직임이 있는 지금 바로 그것이 필요할 때가 아닌가 싶다. 도시를 살아있게 하는 것은 건물, 수려한 시설, 쭉쭉 뻗은 넓은 도로가 아니라 작은 동네, 사람이 걷는 거리, 사람 눈에 맞닿아 있는 상점, 대화하는 사람들이며 이러한 요소들이 어우러져 다양하고 지속가능한 도시의 안전한 구조를 만들고, 이 구조는 도시의 범죄와 사고를 예방하고 궁극적으로는 안전한 도시를 만들 수 있다는 것이 제이콥스의 주장이다. 이것은 도시 안전디자인을 논함에 있어 당시 도시디자인과 도시사회학에 큰 모티브를 준 그녀의 안전도시 개념을 다시 바라봐야 하는 중요한 이유이다.

## 도시 그리고 디자인

산업화 시대에 디자이너의 역할이 포장과 장식에 집중된 'Post-Production'이었다면 작금의 디자이너는 그림을 그리는 사람이 아니라 문제를 풀기 위해 생각을 하는 사람이다. 우리가 사는 공간에서 무엇이 문제인가를 생각하고 그 해결을 제시하는 '도시 의사'라고도 할 수 있다. 이제는 디자인을 통해 우리 주변의 범죄발생 공간에 대한 발생방지안을 제시받기도 하고, 을씨년스러운 원도시의 활성화를 위한 전략을 얻기도 한다.

디자이너는 엔지니어와 다르다. 엔지니어가 검증된 데이터와 공학적 접근방법을 바탕으로 문제를 해결한다면, 디자이너는 새로운 개념을 만들어내어 그 문제를 해결하려 한다. 공공디자인으로부터 출발했던 우리의 주체적인 디자인 접근들은 이제 여러 사회의 문제를 해결하고 공헌할 수 있는 다양한 창의적 방법론 등을 제시하기를 기대받으며 새로운 기회를 맞이하고 있다. 그간의 공공디자인은 편식되고 고정되었던 디자인 개념을 트렌드에 맞도록 다시 생각해 볼 수 있는 계기를 마련하였다. 그리고 이제부터 디자인은 사회문제 해결의 대안을 보여줘야 할 실천적 시기에 접어들었다. 그 실천적 대안의 첫 번째가 바로 '안전디자인'이다.

## 안전 그리고 디자인

도시의 안전과 재난은 경찰과 소방 등 1차적인 통제 및 시행조직이 직접적으로 담당하고 있지만, 2차적이고 간접적인 인프라 측면에서의 지원이 있지 않으면 통합적인 시너지 효과를 발휘하기 어렵다. 범죄예방환경디자인(CPTED ; Crime Prevention through Environ-mental Design)에서도 5가지 원칙들을 간접적 측면에서의 예방적 전략이라 얘기하고 있다.

도시의 안전을 도모하는 디자인이란 소위 '안전사고'가 일어나는 시점의 이전과 그 시점 이후로 나눠 볼 수 있다. 안전사고의 예방을 위한 차원과 안전사고 시점의 사고 최소화를 위한 두 가지 전략을 지닐 수 있는 것이다. 예를 들어 차량 진입방지 말뚝인 '볼라드'의 디자인에 시인성과 안전색채를 적용하여 인지도를 높임으로써 사고를 예방하는 전략과 실제 차량이 진입하는 '사고시점'에서 진행을 원천적으로 차단함으로써 사고를 막는 기능적 전략을 포함한다. 따라서 '안전디자인'이란 심상적 측면의 '인지' 측면을 중심으로 하는 시점 전단계(pre-touch point)와 물리적 측면의 '기능' 측면을 중심으로 하는 시점 후단계(post-touch point)로 나누어 연구할 필요가 있다.

사실 지자체의 많은 디자인 가이드라인에 가장 많이 언급되는 단어 중 하나가 바로 '안전'이다. 문제는 유니버설 디자인처럼 유형화되고 체계적인 이론으로 정립되지 않아 단순한 기표, 키워드로만 존재한다는 것이다. 안전디자인을 구체적이고 효율적으로 운용하고 적용, 관리하기 위해서는 안전디자인을 그저 개념적으로 중요하다고만 생각할 것이 아니라 구조화, 유형화하여 하나의 통합된 개념과 공용화된 전략지침이나 가이드라인 등으로 이론화하는 과정이 필요하다.

## 안전디자인 구현전략 3

우리가 살아가는 공간환경에 대한 안전디자인의 실제적 구현을 위한 방법론으로서 실행구조, 제도적·내용적 공유, 활성화 전략의 3가지 방법을 우선적으로 실현해야 한다.

첫 번째, 실행구조의 측면을 살펴보면 정부 주도 하의 하향식 사업에서 상향식으로의 전환, 즉 거버넌스 구축과 시민참여를 통한 의식수준 향상, 이를 돕기 위한 가이드라인이나 매뉴얼, 포럼과 같은 논의의 장을 마련하는 것이 시급하다. 도시재생 전략들이 이미 Bottom-Up 방식의 전략을 취하고 있지만 가장 강한 실천력은 실천주체가 사용주체가 되는 것이다. 비단 안전디자인에만 해당되는 것은 아니겠지만 전문가와 정책주체만의 계획으로 구현되는 안전디자인 실행방안들은 그 시간과 결과 측면에서 오히려 많은 단점을 나타낼 수 있다. 도시공간의 기능과 사용은 물리적 구조물과 시설에만 따르는 것이 아니라 그것을 사용하는 사람에 의해 최종 결정된다는 것을 명심해야 한다.

두 번째는 안전디자인에 대한 제도적·내용적 공유이다. 안전디자인에 대한 보편적 논의를 보면 안전을 하나의 사고나 위해 관련 성질로만 판단하고 있다. 그러나 WHO에서는 안전도시 기본개념에 대해 이렇게 정의하고 있다. '모든 이가 건강하고 안전한 삶을 누릴 동등한 권리를 지니게 되는 것'. 또한 안전도시의 기본개념을 세이프 커뮤니티로 정의 내리고 있다. 안전디자인에 대한 명확한 정의와 전략의 수립 및 공유, 또 이를 실천하기 위한 제도적 측면의 방법론이 공유되어 구체적인 실천 프로세스가 보일 수 있어야 한다. 이를 통해 안전디자인은 보다 명확하게 인식될 수 있으며 안전한 삶을 누리기 위한 새로운 틀의 시민인식 형성에도 도움을 줄 것이다.

세 번째는 활성화 전략을 통한 안전디자인이다. 안전디자인은 규제와 통제를 통한 방법이 아닌 적극적인 공간 활성화 전략을 통해 건강하고 안전한 도시를 유지할 수 있어야 한다. 우리는 가끔 잔디공간을 조성한 후에 이를 보호한다는 이유로 진입을 막거나, 바다를 즐기기 위해 찾아갔는데 안전을 이유로 이중 펜스로 접근을 차단한 경우를 볼 수 있다. 이러한 상황은 안전디자인의 궁극적 목표가 될 수 없다.

행정안전부의 2010년 안전문화선진화 추진계획에 의하면 안전디자인은 '제품·시설·공간 등에 설계·제조·건축·운영 등의 형태로 적용되어 전 기능의 안전 달성도를 높이고, 타 기능과의 상승적 융합을 통해 사회안전 수준을 향상시키는 것'이라 정의되었다. 즉 안전이라는 것은 안전을 목적으로 제조된 오브제 외에도 운영의 측면에서 고려되어야 하고 기능적 측면의 시너지를 통해 달성해야 하는 개념이라 이해할 수 있다.

예를 들어 해안가에 빨간색 접근경고 사인표지 설치를 통한 안전확보 방법이 있을 수 있고, 난간 쪽으로 갈수록 투명한 바닥재질을 설치하여 아래 부분을 인지할 수 있도록 함으로써 경관조망과 더불어 공간안전에 대한 상황을 인지시켜주는 안전확보 방법이 있을 수 있다. 둘 중 어느 것이 우리의 안전디자인에 부합하는 것일까? 안전디자인은 물리적 사고와 적극적인 사용을 유도하고 권고할 수 있는 방향으로 진행되어야 한다. 북유럽의 놀이터 또한 오히려 위험한 놀이터의 개념을 도입한다. 아이들이 다치지 않도록 탄성소재 등 보호소재로 조성하는 것도 중요하지만, 반대로 올라가기 어렵고 미끄러졌을 때 작은 위험성을 감지할 수 있도록 유도함으로써 장기적으로 안전의식을 키우고 큰 사고에 대처하는 유연함을 기른다는 것이다.

# SUPPLEMENT

## 안전디자인의 가치

안전디자인은 또 하나의 새로운 용어 만들기가 아니라 실질적인 사용자를 배려하기 위한 인문학적 디자인의 실천 중 하나이며 현재 사회 트렌드의 아젠다에 대한 디자인 영역에서의 윤리적 책임의 발로이다. 유니버설 디자인, 지속가능 디자인 등 디자인 영역에서의 수많은 새로운 발현과 선도적 역할들은 비단 디자인 영역뿐 아니라 우리 사회에 지대한 영향을 미쳐 왔다. 이는 디자인이 독립된 영역이 아니라 사회 각 요소와 밀접한 연결을 갖는 실천적 수단으로서의 역할을 하고 있기 때문이다.

**Extended Platform Model for Safety by Design, Construction & Planning**
O.P.B Level 3 Benefits Are Realized throughout the Design Process Cycle

안전디자인 다이어그램

**안전디자인 대한민국을 바꾸다.**

앞선 제이콥스의 주제로 돌아가 우리의 도시공간은 공동체가 유지될 수 있도록 지원하는 것이 도시공간의 안전디자인을 추구하는 데 중요한 핵심이라는 주제를 가지고 위에서 거론한 우리나라 환경에 맞는 디자인 적용전략 3가지를 통해 실현성 있는 내용부터 접근하여야 한다. 그리고 그 실현성은 거창하고 물리적인 부분에 있는 것이 아니라 개성과 재미가 넘치는 작은 가게들이 번창할 수 있도록 거리를 만들고 보행거리 간 블록을 작게 유지하고 골목길과 같은 도시형태를 이루고 있는 요소를 가급적 유지하는 등 인간스케일 수준에서의 관점이 필요하다는 것도 알았다.

다시 근원적인 질문을 던져본다. 무엇이 대한민국을 그리고 우리 도시를 활발하게 하고 안전하게 할 수 있는가? 사람, 삶, 문화, 경관, 건축, 참여, 어메니티, 다양성, 네트워크 등 '도시의 가치'를 추구하고자 하는 그 움직임이 새롭게 융성하고 있는 지금, 안전디자인의 이슈는 디자이너들의 새로운 윤리적 과제임과 동시에 새로운 비전이며 '도시재생디자인'과 더불어 대한민국 도시환경을 개선하는 중요한 화두이다.

# TOPIC #10.

## "Self-Government Safety"

_자치적인 협력 프로그램을 통한 안전디자인

# #10.
# 전북 익산시의 자치안전 프로그램, 범죄안전디자인

CPTED, The Autonomous Safety Program in Iksan-si

저자 **박 신** | 현 익산시청 도시개발과 도시경관계 시설6급

최근 대·소형 사건사고가 발생하면서 그 어느 때보다 국민의 안전이 중요해진 시기이다. 중앙정부뿐만 아니라 전국 각 지방자치단체에서도 국민의 안전을 최우선에 두고 행정력을 펼치고 있다. 특히 범죄우범지역 또는 우려지역에 해당되는 곳이나 주변에 학교 및 공원 등이 있어 어린이 안전에 주의를 기울여야 하는 지역은 지역주민의 불편과 불안감을 해소하기 위한 대책이 필요하다. 공공공간의 삭막한 옹벽, 아파트 골목길 담장에 경관조명을 설치하거나 유니버설 디자인을 적용한 보행자전용도로 바닥설치 등 물리적 환경에 대한 개선을 추진하고, 어둡고 범죄발생의 우려가 있는 지역에 인근 주민이 편안한 휴식을 취할 수 있는 실천적 수법으로서 범죄예방 환경설계(CPTED)를 접목한 도시경관 사업 등을 추진해야 할 것이다.

**전북 익산시 범죄안전디자인 사례유형**

사례 하나, 여고 주변 범죄예방 및 안심귀가를 위한 안전디자인 보안등 개선

사례 둘, 여성전용 화장실 및 도내 최초 여성화장실 안심벨 설치

사례 셋, 남중동, 낭산면 밤길 안전지킴이 활동 및 커뮤니티 공간(꽃밭재) 조성 및 벽화그리기

## 사례 하나, 여고 주변 범죄예방 및 안심귀가를 위한 안전디자인 보안등 개선

### □ 사업배경

- 위치 : 전북 익산시 남중동 남성여자고등학교 진입로(길이 400미터, 사업비 7,500만 원)
- 하곳길은 시민들의 산책로를 겸하고 있어 범죄에 많이 노출되어 있는 상황으로서 쾌적하고 안전한 유니버설 디자인 사회환경 개선이 필요
- 관내 여자고등학교 주변 안전을 위협하는 유해환경으로부터 밤길취약 지역에 조명개선 및 범죄예방디자인 적용으로 안전한 도시환경 구축을 통한 여성친화도시 실현에 기여하고자 함

### □ 사업기간

- 2013년 7월 ~ 8월

### □ 사업목적

- 민간 합동으로 관내 여자고등학교 주변의 범죄우려 지역에 대해 전수조사를 실시
- 관련 학교 및 주민의견을 수렴하여 여성친화도시 시범구역 내 범죄예방디자인을 적용한 경관등 설치 및 조도개선
- 범죄우려 지역에 시인성 확보를 통한 위험요소를 제거, 범죄심리를 사전 차단하는 개념도입, 아름답고 안전한 보행환경으로 개선

### □ 대상지 현황

## □ 사업추진내용 및 디자인 개념

### 지역성을 고려한 사업추진

**지역적 특색을 살리는 디자인**
-지역주민 의견수렴 반영
-여성친화 도시의 정체성 확립
-익산시 표준디자인 가이드라인 준수

**기타 지역성을 고려한 디자인**
-안전한 보행공간
-기타 지역의 의견을 존중하는 유니버설 디자인 기법

### 효율성을 고려한 사업추진

**사업 타당성의 확보**
-가로등 노후화로 인한 가로등 교체시기
-열악한 보행환경 개선
-아름답고 안전한 보행환경 제공

**기타 사업추진 파급효과**
-안심할 수 있는 등하굣길
-쾌적하고 안전한 보행환경
-범죄예방 효과 기대

### 범죄예방디자인 가로등 야간조명사업 추진체계

**사업 진행과정**
-2013년 3월 : 여고 주변 현지실태 조사
-2013년 4월 : 경찰서 및 언론사 의견수렴
-2013년 4월 : 경관디자인위원회 자문
-2013년 8월 : 공사 준공

**사업 추진체계**
-근거법 : 경관법
-사업추진주체의 역할
• 설계자 / 시행자 : 익산시
• 공동참여자 : (주)지에스로드테크

### 창의성을 고려한 사업추진

**모든 기능을 하나로**(Fusion Design)
-LED조명 사용으로 인한 에너지효율
-범죄예방 기능 적용 안전성 확보
-경관조명 설치 볼거리 제공
-필요한 기능을 하나의 폴에 적용
-예산절약

효율적인 조명계획(LED 조명)
+
안전성 확보(범죄예방 기능)
+
미관개선 고려(경관조명)

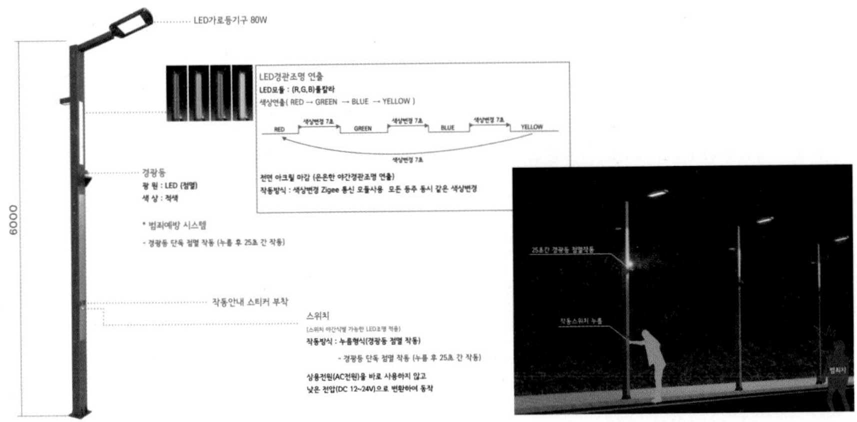


범죄예방디자인 가로등 디자인 개념

실제 설치된 현장모습

### 사례 둘, 여성전용 화장실 및 도내 최초 여성화장실 안심벨 설치

지역 주요 공원 내 여성전용 화장실에 안심벨(HELP-ME)을 설치하였다. 안심벨은 공중화장실을 이용하는 여성이 성폭력 위협이나 위급상황에 처했을 경우 벨을 누르면 곧바로 경광등이 작동하고 경보음이 울리도록 한 장치이다. 안심벨 작동으로 근처 주민과 경찰의 도움을 받을 수 있어 여성범죄 예방에 효과적일 것으로 기대되고 있다. CCTV 사각지대인 화장실 내부에서 각종 범죄발생 시 도움요청이 불가능한 것을 감안, 이에 대한 대책으로 안심벨을 설치하게 되었다. 공원 여성전용 화장실 51칸에 경관등과 송신기를 시범적으로 설치하고 추후 효과가 있을 시 공원, 골목길 등 우범지역에 설치를 확대할 방침이다. 안심벨 설치로 각종 범죄발생에 신속한 대응이 가능하게 됨에 따라 보다 많은 여성들이 안심하고 공원을 이용할 수 있게 될 것으로 기대하고 있다.

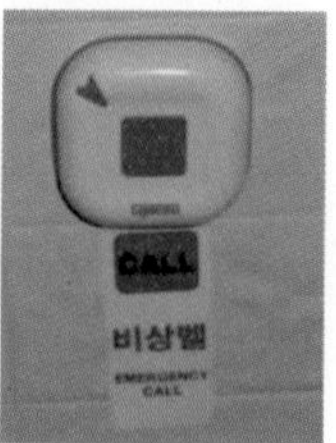


중앙체육공원에 설치된 안심벨
좌측부터. 중앙체육공원 화장실 / 화장실 외부 경광등 / 화장실 내부 비상등

## 사례 셋, 남중동, 낭산면 밤길 안전지킴이 활동 및 커뮤니티 공간(꽃밭재) 조성 및 벽화그리기

'우리 동네 마을경관은 우리가 지킨다!' 지킴이 발대식 모습

범죄우려가 있는 주거지역에 주민의 자발적 참여로 남중동 밤길 안전지킴이를 조직, 운영하고 빈집, 공가를 대상으로 꽃담장 환경개선과 골목길 벽화그리기 등을 통해 안심할 수 있는 곳으로 탈바꿈하고자 하였다.

도심 속 빈집을 변신시키기 위해 남중동 주민센터 직원들과 지역주민, 지역공동체 일자리 사업 참여자들이 팔을 걷어붙였다.

좌. 밤길 안전지킴이 걷기 교육
우측 상. 악취와 해충이 들끓었던 빈집 / 하. 주민 자발적 참여로 인조 꽃담장으로 개선된 후

**남중동 주민들이 함께, 소통 & 나눔의 공간을 만들다! 소통을 위한 감성공간 '꽃밭재'**

꽃밭재란? 문화촌으로 불리는 남중동의 옛 이름. 70년대 가난하던 시절에 반듯한 양옥집으로 이루어진 마을로서 꽃밭을 가꾸듯 주민들이 아름답게 마을을 가꾸어 나가자는 의미를 담은 커뮤니티 공간이다. 기존의 노후화되고 이용이 적었던 남중동 주민센터 3층 유휴공간 약 43㎡를 리모델링하여 지역주민의 취미 등 소규모 활동을 지원하는 공간으로 활용하였다.

커뮤니티 공간 '꽃밭재' 조성 전

커뮤니티 공간 '꽃밭재' 조성 후

**어둡고 삭막한 골목을 주민 자발적 참여 벽화그리기를 통해 안전한 골목길로...**

'실행에 옮기는 순간 꿈은 이뤄진다.' 『10년 후』라는 책에 나오는 첫 번째 성공카드의 내용이다. 지금까지 우리가 보고 배웠던 것들을 바탕으로 실제로 현장에 가서 마을을 가꾸어 보기로 했다. 그 첫 번째 도전이 바로 벽화그리기였다. 아무 표정 없던 그곳, 주변을 둘러볼 만한 이유가 없었던 그곳을 남중동 주민들이 찾아나섰다. 우리는 그곳에 무지개의 희망을 불어넣었다. 예쁜 옷을 골목에 입혀 주었다. 마치 어린아이를 돌보듯 마을을 돌보는 주민들의 따스한 손길이 그곳을 생기 있게 만들었다. 어느덧 오월의 눈부신 태양처럼 환한 미소로 우리에게 고맙다며 인사를 건네던 골목과 집주인 할아버지의 미소가 아직도 눈에 아른거린다.

벽화그리기 작업 전 마을 모습

주민 벽화그리기에 참여한 남중동 주민들

작업 후 밝아진 마을 분위기와 참여자들

# TOPIC #11.

## “Anti Crime Safety”

_사전 범죄예방 공간요소를 통한 안전디자인

# #11.
# 산업안전디자인, 범죄예방디자인 용역사례

Services Case of Industrial Safety Design and CPTED

저자 **이백호** | 현 울산시청 도시창조과 공공디자인담당 사무관
**김아람** | 현 울산시청 도시창조과 주무관

## □ 산업안전디자인

1. 개념

- 기기 및 장비 조작 오류, 근로자의 인지·준비·행동의 오류를 예방하기 위하여 산업공간, 산업시설, 생산제품, 각종 사인물을 디자인
- 이를 통해 기능적으로 행동유도 정보를 제공하고 심미적으로 주변공간과 조화를 이룰 수 있도록 하여 부주의로 발생할 수 있는 산업재해를 예방하는 것

산업안전디자인 개념도

## 2. 적용원리

- 적용근거 : 산업안전보건법
  - 사업주는 해당 사업장의 안전·보건에 관한 정보를 근로자에게 제공해야 하고 (법 제5조 사업주 등의 의무),
  - 사업주는 사업장의 유해하거나 위험한 시설 및 장소에 대한 경고, 비상시 조치에 대한 안내, 그 밖의 안전의식의 고취를 위하여 안전·보건 표지를 설치하거나 부착하여야 하며 (법 제12조 안전보건표지의 부착 등),
  - 안전·보건 표지의 종류, 형태 및 용도, 설치, 색채, 제작, 재료 등을 규정해 놓고 있음 (동법 시행규칙 제6조~제10조)

- 적용원리*
  - 인간이 받는 심리적, 생리적 영향을 이용하여 금지(빨강), 경고(노랑), 지시(파랑), 안내(녹색) 색상과 검정색과 흰색(문자 등)을 보조색으로 이용하도록 규정해 놓고 있음
  - 인지성, 영역성 확보를 위하여 선, 면, 패턴을 활용하여 잠재적 위험 경고(검정색과 노랑색 패턴), 출입금지(흰색과 빨간색 패턴), 강제적 지시(흰색과 파랑색 패턴), 안전한 상태(흰색과 녹색 패턴) 등의 디자인을 제시해 놓고 있음
  - 또한 도형과 색상을 이용하여 금지(흰색 바탕에 빨간색 태두리와 사선), 지시(원형의 파란색), 경고 및 주의(삼각형의 노랑색), 안전조건(사각형의 녹색), 화재안전(사각형의 빨간색)을 제시해 놓고 있음

* 산업안전보건법 시행규칙 제6조~제10조

▪ 안전표지 의미와 배치

| 배치 | 색조합 | 의미/사용 | |
|---|---|---|---|
| | 노랑과 검정 대비색 | 다음의 위험 요소가 있는 위험장소나 방해물<br>-사람의 부딪힘 또는 낙상<br>-중량물의 낙하 | 잠재적 위험경고 |
| | 빨강과 하양 대비색 | | 출입금지 |
| | 파랑과 하양 대비색 | 강제적 지시를 나타냄 | |
| | 초록과 하양 대비색 | 안전한 상태를 나타냄 | |

▪ 안전표지에 관한 기하학적 형태의 일반적 의미

| 형태 | 의미 | 안전색 | 대비색 | 그림 표지의 색 | 사용보기 |
|---|---|---|---|---|---|
| 대각선이 있는 원 | 금지 | 빨강 | 하양 | 검정 | 금연<br>수영금지<br>화기엄금 |
| 원 | 지시 | 파랑 | 하양 | 하양 | 보안경 착용<br>안전복 착용<br>사용후 전원 차단 |
| 정삼각형 | 경고/주의 | 노랑 | 검정 | 검정 | 위험<br>뜨거운 표면 주의<br>산(acid) |
| 정사각형 | 안전조건 | 초록 | 하양 | 하양 | 의무실<br>비상구<br>대피소 |
| 정사각형 | 화재안전 | 빨강 | 하양 | 하양 | 화재경보 위치<br>소화 장비<br>소화전 |

▪ 안전색 및 대비색의 일반적 의미

| 기하학적 형태 | 의미 | 배경색 | 대비색 | 보조안전 정보의 색 |
|---|---|---|---|---|
| 정사각형 | 보조정보 | 하양 | 검정 | 임의 색 |
| | | 안전표지의 안전색 | 검정 또는 하양 | |

3. 적용사례 및 기대효과

▪ 적용사례

-공간, 시설물, 사인물, 제품 등에 안전디자인을 적용하여 근로자들의 인지·준비·행동의 오류를 최소화함으로써 안전사고를 예방할 수 있음

산업단지의 주차장, 도로의 안내사인이나 안전지대 표시로 이용자의 명확한 진행방향을 제시, 사고 감소

공장 내 작업공간의 주의색상, 패턴, 기하학적 형태를 이용하여 근로자들의 인지성 강화, 안전사고 예방

계단의 주의색상, 패턴, 기하학적 형태를 이용. 근로자들이 쉽게 인지할 수 있도록 하여 안전사고 예방

Ref. 비정상의 정상화 www.normal.go.kr(2014.09)

▪ 안전사고 예방 기대효과

–울산광역시의 울산미포국가산업단지와 온산국가산업단지에서 2008년부터 2013년까지 225건의 화재가 발생하였음

–산업안전디자인을 적용할 경우 전기적·기계적·화학적 등의 요인에 의한 화재도 줄일 수 있지만, 특히 부주의에 의한 26.2%의 화재는 크게 감소시킬 수 있을 것으로 기대됨

▪ 울산광역시 소재 국가산업단지 화재발생 현황(2008년~2013년)

| 구분 | 계 | 화재원인 | | | | | 인명피해 | | 재산피해 (천원) |
|---|---|---|---|---|---|---|---|---|---|
| | | 부주의 | 전기적 요인 | 기계적 요인 | 화학적 요인 | 기타 | 사망 | 부상 | |
| 총계 | 225 (100%) | 59 (26.2%) | 36 (16.0%) | 32 (14.2%) | 18 (8.0%) | 80 (35.6%) | 4 | 40 | 4,797,196 |

주) 울산미포국가산업단지와 온산국가산업단지의 화재발생 건수임

## □ 범죄예방 안전디자인

1. 개념

▪ 범죄예방 안전디자인은 환경개선을 통한 범죄예방(CPTED : Crime Prevention through Environmental Design)으로 도시공간에 자연적 감시(Natural Surveillance), 자연적 접근 통제(Natural Access Control), 영역성 강화(Territoriality), 활동성 증대(Activity Support), 유지관리(Maintenance and Management)의 원칙을 적용하여 범죄를 예방하는 전략

2. 적용원리

▪ 적용근거

–범죄예방 안전디자인 관련법은 제정되어 있지 않으며 울산, 부산, 광주, 경기도의 4개 광역 지방자치단체에서 범죄예방 도시디자인 조례를 운영하고 있음

- 적용원리
  - 자연적 감시 : 분명한 시야선 확보, 담장 가시권 최대화, 가로등 밝기 등으로 고립지역과 사각지대를 개선하여 대중에 의한 자연적 감시가 이루어지도록 하는 범죄예방디자인 전략임
  - 자연적 접근통제 : 사람들을 도로, 보행로, 조경, 문 등을 통하여 일정한 공간으로 유도하여 외부인의 접근을 확인할 수 있도록 하여 범죄를 예방하는 디자인 전략임
  - 실질적이거나 가상적인 경계를 만들어 정당한 이용자와 그렇지 못한 이용자를 구별하여 범죄를 예방하는 디자인 전략임
  - 활동성 증대 : 공공장소의 활발한 이용을 유도하여 그들의 눈, 즉 대중의 눈에 의한 자연적 감시를 강화하는 디자인 전략임
  - 유지관리 : 시설물이나 공공공간의 설계대로 지속적으로 이용될 수 있도록 유지·관리하는 디자인 전략임

3. 적용예시 및 효과

- 범죄예방디자인 적용사례(울산 중구 교동)
  - 자연적 감시

전방 시야가 확보되지 않는 곡선형 좁은 가로에 반사경을 설치하여 자연적 감시 강화

Ref. 이백호 외, 「범죄예방 도시디자인 활성화 방안 연구」, 울산광역시 공무원 연구모임, 2014.09.

-자연적 접근통제

주택의 가스배관에 덮개를 설치하여 범죄자의 자연적 접근 통제

-영역성 강화

주거지역 안내판·표지판 등의 설치로 마을영역임을 표시하여 범죄자의 자유로운 활동 저지

-활동성 증대

폐·공가, 공터 등을 활용한 커뮤니티 공간을 조성하여 거주자들의 활동성을 증대시키고 대중에 의한 자연적 감시 강화

-유지관리

가로환경을 개선하고 유지관리를 철저히 하여 당초 설계대로 잘 관리되고 있다는 인식을 심어줌으로써 범죄자들의 자유로운 활동을 저지

- 범죄예방 도시디자인 적용효과
  - 캐나다 온타리오 Peel 지역 : 주거지역 CPTED 원칙 적용(1992년)
    ⇒ 반달리즘(Vandalism) 감소, 불법침입 강도 90% 감소
  - 캐나다 온타리오 Kitchener 지역 : 범죄에 시달린 근린주구 CPTED 원칙 적용
    ⇒ 건물 범죄사고 30% 감소, 이후 매년 49%, 56% 범죄율 감소
  - 영국 Edinburgh 지역 : 주택 종합 리디자인(Redesign) 프로그램 실시(1970년대)
    ⇒ 주택침입 강도 65%, 반달리즘 사건 59% 감소

Ladbroke Grove Environmental Focus Area, West London Tibbalds Monro Well designed street lighting in public areas can prevent criminal activity

Crown Street Regeneration Project, The Gorbals, Glasgow CZWG Architects. Well designed open space in this housing development in The Gorbals, Glasgow provides a safe semiprivate area for residents

  - 영국 West Youkshire 지역 : Secured by Design(SBD) 원칙적용 리디자인
    ⇒ 다른 주택지보다 주거침입 강도율 50%, 자동차 범죄 42% 감소
  - 영국 CPTED 원칙적용 디자인 비용 및 주택침입 강도 손실 비교
    ⇒ 디자인 평균 추가비용 : 새 주택당 440£
    ⇒ 주택침입 강도 손실액 : 주택당 평균 1,670£(약 3.8배 비용 절감)

Diagram and close up of house in Rolls Crescent, Manchester demonstrate surveillance views

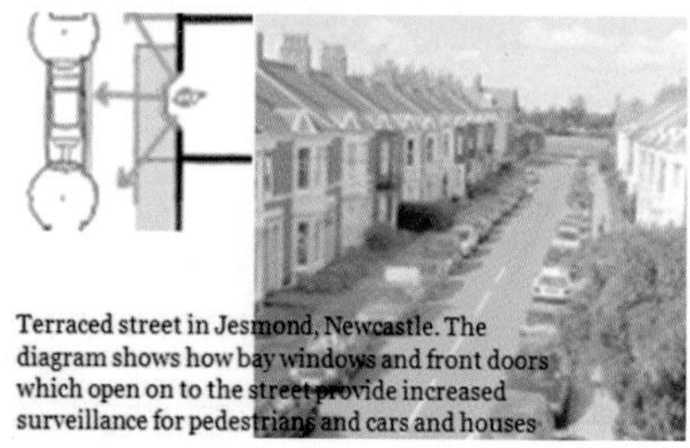
Terraced street in Jesmond, Newcastle. The diagram shows how bay windows and front doors which open on to the street provide increased surveillance for pedestrians and cars and houses

Ref. The value of good design(www.designcouncil.org.uk), Built Environment & CABE, 2009.05.

### □ 울산광역시 산업단지 안전디자인 가이드라인 수립 용역

▪ 추진배경

–석유화학 등의 위험물을 취급하는 산업단지는 사고발생 시 인명사고를 포함한 대형사고를 유발하므로 사고 후 대응체계 구축·운영도 중요하지만 안전사고를 사전에 예방할 수 있는 활동이 중요함

–그러므로 산업단지 내 공간·시설 이용 시 근로자의 인지·확인·행동 오류를 최소화하기 위하여 산업단지 특성, 업종, 시설 등의 유형별 체계적인 안전디자인 가이드라인을 수립·시행하여 안전사고를 예방하고자 함

**산업안전보건법**

▪ **제5조(사업주 등의 의무)** 사업주는 해당 사업장의 안전·보건에 관한 정보를 근로자에게 제공할 것

▪ **제12조(안전·보건표지의 부착 등)** 사업주는 사업장의 유해하거나 위험한 시설 및 장소에 대한 경고, 비상시 조치에 대한 안내, 그 밖에 안전의식의 고취를 위하여 안전·보건표지를 설치하거나 부착하여야 함

▪ 사업개요

–사업명 : 「울산광역시 산업단지 안전디자인 가이드라인」 수립

–사업기간 : 2015. 01. ~ 2015. 12.

–사업내용

 · 산업단지 안전사고 유형 분석, 안전디자인 요소 및 기본방향 도출

 · 산업단지 공간·시설물·사인물·제품의 안전디자인 가이드라인 수립

 · 안전디자인 가이드라인 적용방안 및 추진체계 정립

▪ 기대효과

–산업단지 안전사고에 대한 안전불감증 의식 개선

–산업단지 안전을 함께 만들어가는 안전한 산업단지 문화 정착

–산업단지 안전디자인 적용으로 근로자의 인지·확인·행동의 오류를 최소화함으로써 안전사고 예방

# TOPIC #12.

"Barrier free Safety"

_불안전 요소의 제거를 통한 보행환경 안전 확보

# #12.
# 보행안전디자인_
# 보행자를 위한 걷고 싶은 거리

A Pedestrian-Friendly Street

저자 **서희봉** | 현 김포시청 도시개발국 도시계획과 주무관

보행권이란 인간의 일상생활에서 중요한 역할을 담당하는 '보행활동'에 대해 보행자가 쾌적하고 안전하게 도로시설을 이용할 수 있도록 우선 통행의 권리를 보장하는 것을 의미한다. 이때의 보행환경은 환경친화적이며 공간절약적이고 경제적, 효율적이어야 할 것이다. 또한 인간적인 생활 교통수단을 마련하는 것도 중요하다.

본 저자는 김포시 보행가로 환경의 현황을 살펴봄으로써 위의 기준에 비추어 보행권을 방해하는 대표적인 6가지 요소들을 분석하고 이를 개선하기 위한 방향을 제안하였다.

## □ 보행동선의 단절

- 차량 위주의 도로정책에서 오는 보행동선의 단절 또는 부재로서 보행환경의 열악성을 드러내는 상황
- 이면도로나 간선 또는 보조간선도로와 이면도로가 만나는 교차지점에서 자주 볼 수 있음

보도 단절

보도 부재

보도 단절

수로로 인해 단절된 보도

## □ 보도폭 협소

- 도로의 보도폭이 좁아 양방통행이 불편한 곳과 차도에 비해 상대적으로 좁은 보도폭을 나타내는 곳이 많음

점포의 출입문과 가로시설물로 인한 협소한 보도

일인이 보행하기도 협소한 보도폭

협소한 보도

협소한 보도

넓은 도로에 비해 일인이 통행하기도 힘든 보도

협소한 보도

## □ 보행자가 걷기 힘든 경사진 보행보도

- 차량 진출입을 용이하게 하기 위해 건물 출입부 보행로 주변을 경사면으로 중점 설치
- 특히 건물이 연속적으로 연결되어 있는 경우 경사면이 지속되어 노약자, 장애인 통행이 어려움

차량진입을 위해 보행로가 기울어져 있음

보행하기 힘들 정도로 기울어진 경사도

걷기 힘들 정도로 기울어져 있는 보행로

전체적으로 기울어져 있는 보행로

### □ 불합리한 횡단시설 및 횡단시설의 부재

- 횡단보도 시설 내 턱낮춤이 되어 있지 않아 장애인과 휠체어, 유모차의 도로 횡단이 불편함
- 10m 이상 거리의 도로 횡단보도에 신호기가 부재하여 사고위험이 높음

불량한 보도 턱낮춤 현황

불량한 보도 턱낮춤 현황

포장공사로 인해 가려진 횡단보도

불량한 보도 턱낮춤 현황

불량한 보도 턱낮춤과 보행 방해 플랜트

불량한 보도 턱낮춤과 보행 방해 볼라드

## □ 보행에 장애가 되는 가로시설물

- 가로등, 전봇대, 교통표지판, 신호등, 버스표지판 등의 시설물이 보행공간을 침범하여 산재됨
- 버스승강대와 같은 큰 규모의 시설물이 보도를 점령, 잠식하여 통행인과 버스 승객이 서로 충돌

보도 한가운데 설치되어 있는 버스승강대

좁은 보도폭과 시설물로 인한 보행장애

보도 한가운데 설치되어 있는 시설물

보행에 장애가 되는 시설물

보도를 침범하고 있는 입간판과 시설물

보도 한가운데를 점령하고 있는 버스표지판

## □ 보도의 포장상태 불량

- 보도 포장상태 불량 또는 돌출된 맨홀 등에 의해 보행자가 넘어지는 사고 발생
- 쾌적하고 안전한 보행환경을 조성하기 위해서 불량한 포장상태에 대한 보수가 선행되어야 함

마감처리가 불량한 보도블럭

마감처리가 불량한 보도블럭

기초 지반의 마감처리가 불량

보행에 장애가 되는 마감처리가 불량

시설물 설치 후 불량한 마감처리

보도 위에 돌출되어 있는 위험한 철근

마감처리가 불량한 보차도 경계석

마감처리가 불량한 보도블럭

**보행환경 개선 관련 의견**

보행환경 개선을 위하여 선행되어야 할 일은 다음과 같다. 우선 낙후된 보도의 포장상태를 점검하여 개보수 및 기반을 다지고 불법주차와 불법적치물을 정리함으로써 보행권을 우선적으로 확보해야 한다. 그리고 보행로의 단절 및 부재를 없애고 장애인 등의 보행약자가 충분한 보행권리를 행사할 수 있도록 횡단시설 및 보도의 서비스 수준을 최대한 배려해야 한다. 또한 보행로와 자전거전용도로를 분리하여 보행자와 자전거를 이용하는 사람 서로 간 안전을 도모하도록 하며, 휴식공간 조성 및 가로수의 확충으로 보도의 질적 수준을 향상시켜야 한다.

# TOPIC #13.

## "Art & Culture Safety"

_예술과 문화적 요소의 도입을 통한 안전디자인

# #13. 우범지역 환경개선_ 희망길 조성사업

The Heemang St. Project for Environment Development in Crime Risk Areas

저자 **신혜정** | 현 대구광역시 중구청 도시관광국 도시경관과 주무관

Ref. 대구광역시 중구청 범죄예방 환경개선 '희망길 조성사업' 용역

## □ 사업개요

- 사업명
  - 우범지역 환경개선 '희망길 조성사업'
- 사업위치
  - 중구 남산1동, 남산2동, 성내3동 일원

## □ 추진계획

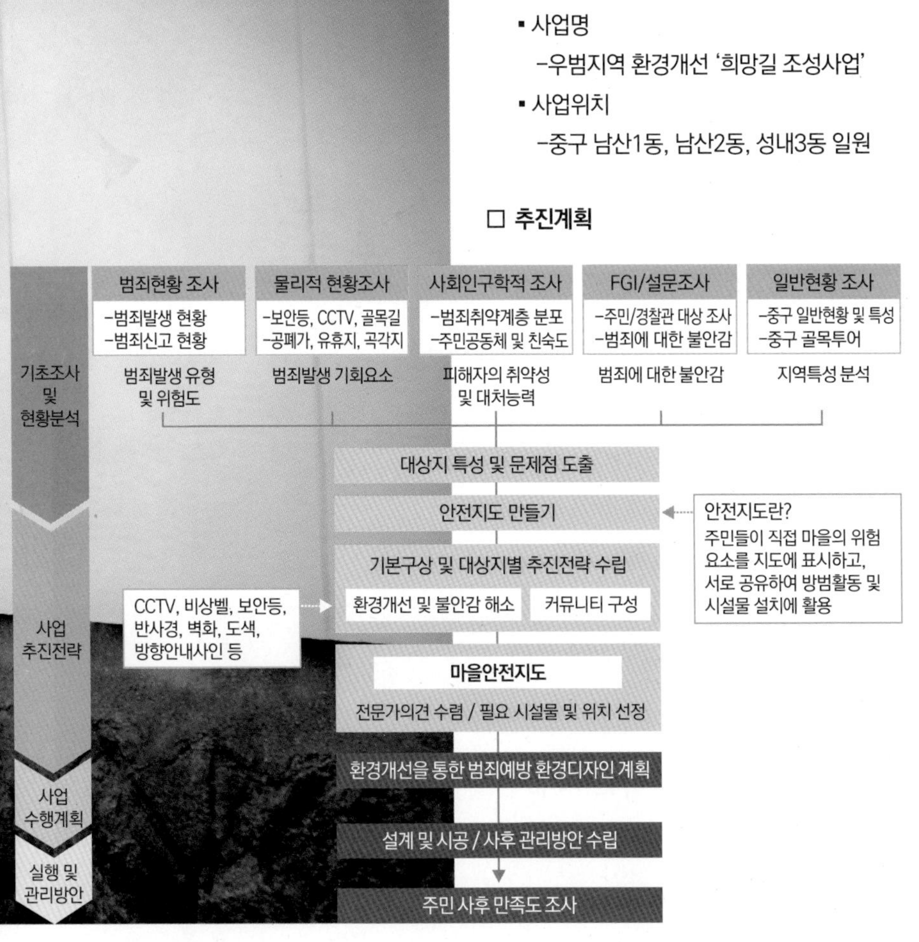

## □ 남산1동 마스터플랜

**기존안**

1. 골목길 벽화
2. 상부 반사경
3. 나대지 안전펜스
4. 공폐가 출입방지 시설물
5. 방향 안내사인
6. 비상벨
7. 계단 미끄럼방지 시설
8. 입구 상징사인물
9. 주민쉼터

**주민제안**

1. 지킴이집 안내사인
2. 벤치
3. 핸드레일 보수
4. CCTV
5. 골목길 반사경
6. 화상전화(경찰서 연결)
7. 응급벨(119 연결)

**최종 협의반영 제시안**

| | | |
|---|---|---|
| 골목길 벽화<br>상부 반사경<br>나대지 안전펜스<br>공폐가 출입방지 시설물 | 방향 안내사인<br>비상벨<br>계단 미끄럼방지 시설<br>입구 상징사인물<br>지킴이집 안내사인 | 벤치<br>핸드레일 보수<br>CCTV<br>골목길 반사경 |

개선 전

나대지 안전펜스 설치 후

공폐가 출입방지 시설물

미끄럼 방지, 벽면 파사드, LED조명채널 등 설치 후

개선 전
방향안내사인 설치 후

개선 전
골목길 반사경 설치 후

개선 전
벤치 설치 후

개선 전
冠 관례
반사경 설치 및 골목길 벽화그리기 후

## □ 남산2동 마스터플랜

**기존안**

1. 골목길 벽화
2. 바닥 미끄럼방지 시설
3. 주차장 안전펜스
4. 비상벨
5. 방향 안내사인
6. 골목길 반사경
7. 담장 방범구조물

**주민제안**

1. 지킴이집 안내사인
2. CCTV
3. 쓰레기투기 방지사인
4. 나대지 안전펜스
5. 보안등
6. 센서등
7. 주차장 안전펜스 추가설치

**최종 협의반영 제시안**

골목길 벽화
바닥 미끄럼방지 시설
주차장 안전펜스 2개소
비상벨

방향 안내사인
골목길 반사경
담장 방범구조물
지킴이집 안내사인

CCTV
나대지 안전펜스
센서등

## □ 세부디자인

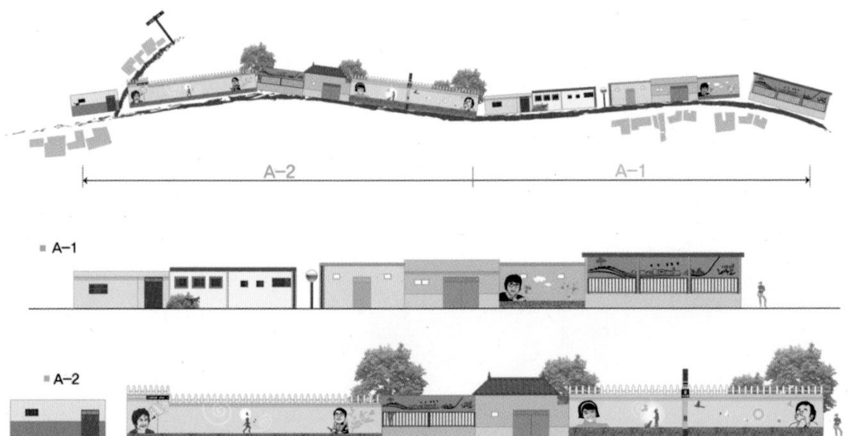

개선 전
주차장 옆 안전펜스 설치 후

개선 전
방향 안내사인 & 골목길 벽화 & CCTV 설치 후

대문 앞 센서등 설치 후

나대지 안전펜스 설치 후

지킴이집 & 비상벨 설치 후

## □ 성내3동 마스터플랜

**기존안**

1. CCTV
2. 비상벨
3. 골목길 반사경
4. 막다른길 안내사인

**주민제안**

1. 공폐가 출입방지 시설물

**최종 협의반영 제시안**

| CCTV<br>비상벨 | 골목길 반사경<br>막다른길 안내사인 | 공폐가 출입방지 시설물 |
|---|---|---|

개선 전

공폐가 출입방지 시설물 설치 후

개선 전
막다른길
막다른길 안내사인 설치 후

개선 전
비상벨
비상벨/CCTV
비상벨 & CCTV 설치 후

# TOPIC #14.

## "Marine Spatial Design Strategy for Urban Safety"

_방재, 사고예방 중심의 공간디자인 전략을 통한 해양안전디자인

포항시 호미곶 해맞이 공원 '상생의 손'

# #14.
# 해양 안전디자인

Marine Safety Design

저자 **박춘석** | 현 포항시청 건설안전도시국 도시재생과
임기제시설6급

## 해양 안전디자인

해양 안전디자인은 해상 및 해안에서 발생되는 안전사고에 대한 대비와 구조 등을 위하여 안전사고 예방 및 사고 시 구조를 용이하게 하는 디자인을 적용한 시설물이라 말할 수 있다.

우리나라는 3면이 바다로 둘러싸여 있고 그 해안선의 길이만 14,963km에 달한다. 또한 3천 3백여 개의 도서와 동서남해안의 각기 다른 독특한 해안선으로 다양한 개발이 가능한 독특한 자연해안을 가지고 있다. 또한 뚜렷한 사계절로 인하여 계절별 다양한 해양활동이 이루어지고 있으며, 서남해의 조수간만의 차로 인한 어업 및 레저 활동도 다양하다. 이 밖에 해안관광지개발, 항만개발, 도서개발, 교량, 해수욕장 등 해안지역의 인공개발과 어선, 상선, 여객선 등 해양에서 이루어지는 활동이 점차 증가, 발전하고 있어 점진적으로 안전에 대한 대비와 사고대책에 대한 중요성이 높아지고 있으며 특히 지난해 세월호 사건과 같은 안전사고로 인하여 안전에 관한 관심은 더욱 높아졌다. 해안디자인은 이러한 시설의 활용을 위한 안전대비 디자인과 사고 시 대책 및 구조를 위한 디자인, 그리고 해상에서 발생하는 안전사고에 대한 대비와 구조용 디자인을 말할 수 있다.

## 해양 안전디자인의 필요성

안전사고는 일본의 지진해일과 같은 천재지변의 자연재해와 여러 해양활동으로 인한 인재사고로 크게 나눠지나 사실상 인재로 인한 사고가 대부분이라 볼 수 있다. 해양은 계절, 기후, 기온, 바람 등 여러 자연환경에 따라 다양한 변화가 발생한다. 태풍, 해일 등 직접적인 재해를 일으키기도 하고 수온변화로 인한 어장의 피해, 생태계의 변화 등 여러 형태로 사람에게 영향을 끼치고 있다. 여기에 사람의 편의를 위해서 개발된 각종 시설물이 자연의 환경을 바꿔 놓아 해안이 침식되는 등 오히려 사람들의 안전을 위협하는 경우도 있어 이에 대한 안전대책이 필요하다.

경제발전으로 여가를 위한 레저 및 휴양 시설이 급증함에 따라 레저인구도 증가하고 있다. 이와 관련된 안전사고도 빈번히 발생되고 있으나 안전불감증과 안전대비는 아직 선진국에 비하여 많이 부족한 수준이며, 이용자들의 의식 또한 개선이 필요하다. 예로 여름철 해수욕장이 아닌 여러 해변에서 해수욕을 즐기는 사람들을 자주 보게 되는데 바위가 많은 바닷가에서는 파도에 휩쓸려 바위에 부딪히거나 바다로 떠밀리는 등 사고요인이 많아 각 지자체에서 안전요원이 배치된 모래사장의 해변에서 해수욕을 즐기도록 요구하고 있다. 그러나 이는 잘 지켜지지 않는다. 그뿐만 아니라 방파제에 설치된 테트라포트 위에서 낚시를 즐기는 낚시꾼들을 심심치 않게 볼 수 있는데, 테트라포트는 방파제에 부딪히는 파도를 약하게 분산시켜 내항에 파도를 약하게 하기 위한 역할로 설치된 것으로서 외항으로 불어오는 파도는 생각보다 거세다. 이러한 파도가 부딪혔을 때 지름 45cm 정도 되는 꼭지에 서 있으면 순식간에 파도에 휩쓸려 추락하게 되는데 대부분의 사고자는 추락에 의한 골절 등으로 큰 부상을 입게 된다고 한다. 이러한 사고들은 안전수칙을 잘 지키지 않아 발생하는 인명사고로, 이에 대한 여러 가지 방안이 제시되고 예방대책을 세워야 할 것이다. 그 외의 해상사고는 대부분 선박충돌에 의한 것이므로 사고 후 구조를 위한 안전디자인이 접목되어야 할 필요가 있다.

## 해양안전사고 유형

### □ 해양사고의 종류

- 항해 중 혹은 정박 중인 선박에서 발생하는 충돌, 좌초, 화재, 침몰 기관손상, 인명사고 등과 해수욕장 안전사고, 수상레저 안전사고, 해안에서 발생하는 안전사고 등을 해양사고라고 함

### □ 해양재난

- 재난 및 안전관리기본법과 수난구호법에 해당하는 해양공간에서 발생하는 재난 또는 사고를 말하고 이에 대한 대응체계 및 예방활동을 수행하고 있음

### □ 해양관련 사고 통계

- 해양사고의 현황(최근 5년간 선박사고 및 인명사고)

단위 : 척, 명

| 구분 | | 총계 | 2008 | 2009 | 2010 | 2011 | 2012 |
|---|---|---|---|---|---|---|---|
| 선박사고 | 선박 | 7,697 | 767 | 1,921 | 1,627 | 1,750 | 1,632 |
| | 승선원 | 46,815 | 4,976 | 11,037 | 9,997 | 9,503 | 11,302 |
| 인명사고 | 총계 | 14,121 | 2,627 | 2,927 | 2,927 | 2,782 | 2,858 |
| | 응급환자 | 4,567 | 882 | 859 | 859 | 917 | 1,050 |
| | 익수자 | 5,003 | 680 | 1,075 | 1,075 | 942 | 1,231 |
| | 고립자 | 2,846 | 659 | 594 | 594 | 650 | 349 |
| | 변사체 | 1,705 | 406 | 399 | 399 | 273 | 228 |

▪ 해수욕장 사고현황(최근 5년간)

단위 : 명

| 구분 | 사고발생 | | 구조 | 사망 | 실종 | 비고 |
|---|---|---|---|---|---|---|
| | 건 | 명 | | | | |
| 2008 | 371 | 583 | 565 | 18 | - | |
| 2009 | 1,012 | 1,816 | 1,807 | 9 | - | |
| 2010 | 1,606 | 2,457 | 2,450 | 7 | - | |
| 2011 | 1,314 | 1,991 | 1,987 | 4 | - | |
| 2012 | 995 | 2,257 | 2,254 | 3 | - | |

▪ 바다낚시 사고현황(2012)

단위 : 건, 명

| 선박(건) | | | | | | | | 인명(명) | | |
|---|---|---|---|---|---|---|---|---|---|---|
| 계 | 충돌 | 침몰 | 좌초 | 화재 | 접촉 | 조난 | 기타 | 계 | 사망(실종) | 부상 |
| 71 | 6 | 1 | 4 | 1 | 1 | 8 | 50 | 16 | 1 | 15 |

▪ 수상레저 기구별 사고현황(인명 또는 재산피해)

단위 : 건, 명

| 구분 | 계 | | 모터보트 | | 고무보트 | | 래프팅 고무보트 | | 수상 오토바이 | | 요트 | | 워터 슬래드 | | 수상스키 | | 기타 | |
|---|---|---|---|---|---|---|---|---|---|---|---|---|---|---|---|---|---|---|
| | 건 | 명 | 건 | 명 | 건 | 명 | 건 | 명 | 건 | 명 | 건 | 명 | 건 | 명 | 건 | 명 | 건 | 명 |
| 2008 | 9 | 11 | 3 | 6 | 1 | 1 | 1 | 1 | - | - | 1 | 0 | 2 | 2 | - | - | 1 | 1 |
| 2009 | 20 | 20 | 7 | 7 | - | - | 2 | 2 | - | - | 4 | 2 | 6 | 8 | - | - | 1 | 1 |
| 2010 | 32 | 32 | 9 | 6 | 3 | 2 | 2 | 2 | 4 | 7 | 1 | 0 | 11 | 14 | - | - | 4 | 3 |
| 2011 | 23 | 26 | 6 | 5 | 3 | 5 | - | - | 3 | 4 | 2 | 0 | 4 | 7 | - | - | 5 | 5 |
| 2012 | 30 | 35 | 10 | 13 | 6 | 5 | - | - | 3 | 5 | 1 | 0 | 8 | 11 | - | - | 2 | 1 |

Ref. 해양경찰청 편집부, 『2013 해양경찰백서』, 해양경찰청, 2013.10.

## 해양 안전디자인 사례 연구

### □ 해안침식에 따른 안전디자인 적용

- 해안침식(Beach erosion)이란 해안의 모래와 자갈이 바람과 파도 등에 의하여 바다로 씻겨 내려감에 따라 해변이나 절개지가 조금씩 후퇴하는 것을 의미
- 현재 동해안 등 해변의 해안침식을 고려하지 않은 개발로 인하여 백사장이 줄어들거나 해안가 주택에 균열이 발생하여 붕괴위협을 받는 사례가 증가하고 있음
- 해안침식의 주 원인은 바람과 파도이지만 해수면의 상승과 지구온난화로 인한 영향이 기타 원인으로 대두됨
- 현재 선진국은 콘크리트 등을 활용한 해안 보호구조물이 또 다른 해안침식 작용을 유발한다는 것을 깨닫고, 침식지역에 모래를 공급하는 양빈공법을 활용하는 등 친환경적인 공법을 개발하는 추세임

좌. 국내 강원도 해안침식 피해사례
우. 국외 노스캐롤라이나 해안침식 피해사례

## □ 해외 해안침식 개선사례

- Jack Evans 내항(호주) 사례

-잭 에반스 보트항의 활성화를 위해 개발된 사업으로 해수욕장, 보트 선착장, 낚시, 공원, 산책로 등 다양한 용도로 공간 개발

-퀸즐랜드와 뉴 사우스웨스트의 경계지역에 있어 많은 관광객을 끌어들일 수 있다는 장점을 지닌 곳으로서 주민들의 만남의 장소 등 다양한 용도로 개발됨

-친환경 설계를 통한 친환경 공공공간으로 구성

Ref. LANDEZINE www.landezine.com(2015.01)

- Reefball 활용 친환경 침식 개선

  -해안 암초와 같이 구멍난 볼을 바다 속에 넣어 파도의 힘을 약화시키는 방파제의 기본 역할

  -부가적으로 산호초나 해초들을 자라게 하는 암초, 물고기의 안식처 역할을 하여 번식을 돕는 기능을 하는 친환경적 침식 개선사례

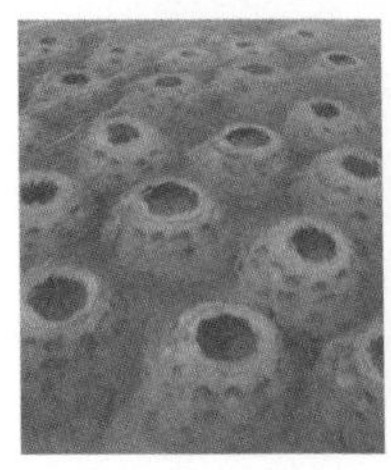

Ref. REEFBALL FOUNDATION www.reefball.org(2015.01)
Reef Beach www.reefbeach.com(2015.01)

□ **포항시의 해안침식 개선사례**

- 송도해수욕장 모래사장 복원사업
  - 총 사업비 380억 예산의 해양수산부 국가시행사업으로서 총 1.7km의 송도해수욕장 모래사장을 복원하여 옛 명성을 되찾고자 하는 사업
  - 3차례에 걸쳐 바닷속에 테트라포트를 잠제하고 모래를 양빈하여 백사장 복원 및 주변 경관사업과 방풍림으로 활용되는 송림숲을 개선하려는 계획을 가지고 있음. 현재 테트라포트를 잠제하는 중임
  - 사업이 완료되면 형산강 하구와 영일만이 만나는 해수욕장으로서 해수욕도 즐기고 포스코를 전망할 수 있는 포항의 대표적 해수욕장이 될 것으로 기대
  - 동시에 난개발로 인한 자연 침식피해를 친환경 모래사장으로 복원한 사업의 모델이 될 것임

좌. 1980년대 포항 송도해수욕장
우. 최근 모래사장이 침식된 송도해수욕장

송도해수욕장 모래사장 복원사업 조감도

□ **해안 안전예방을 위한 안전시설 사례**

- 수영안전 예방시설

  -해양에서의 안전한 수영을 위하여 안전공간을 마련하여 사고위험을 미리 방지하는 효과와 재해예방 효과 적용

- 연안 낚시 안전시설 사례(장길리 해상낚시공원)

▪ 관광 안전시설 사례(호미곶 해맞이 공원 '상생의 손' 전망)

## □ 그 밖의 해상 안전디자인 사례

▪ 해상사고로 인한 조난 시 안전장비(Ditch Kit & Life Raft)

-해상사고 시 필수 안전장비들이 모두 들어 있는 장비박스. 휴대용 GPS, 해상 인명구조장비, 선박 혹은 사람의 위치표시를 위한 무선표식, 무전기 등 해상사고 발생 시 필요한 장비 내장

▪ 해상사고 응급대처를 위한 디자인 제안

-해상사고 발생 시 응급처치를 위한 구조 키트로서 손쉽게 응급처치할 수 있는 가이드가 포함됨

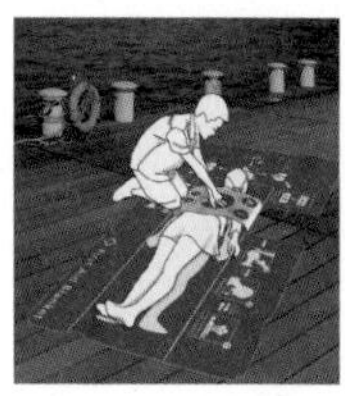
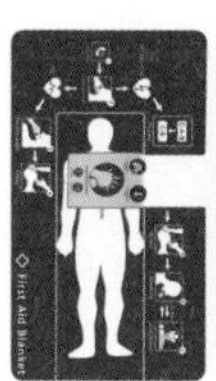

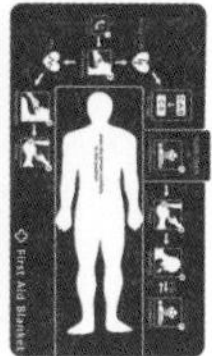

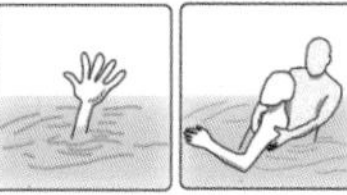
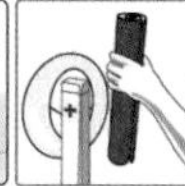

▪ 해상조난 시 안정장비(구명벌 / Life Raft)

-천막이 있는 구명보트로서 생존율을 높이기 위한 비상탈출 기구. 물속에 투착 시 자동으로 펴지고 내부에 생존을 위한 안정장비가 비치되어 있음

Ref. 레드 닷 어워드 www.red-dot.sg(2014.12)

SUPPLEMENT

기고문 3.

# 안전을 위한 더 나은 공공공간

저자 **장진우** | JANG, Jin-Woo

현 수원시청 전략사업국 도시디자인과 도시디자인팀장
일본 교토시립예술대학 환경디자인 박사
전 일본 경관공학연구소
전 일본 URBANGAUSS 연구소

최근 우리 사회에서 안전문제는 가장 중요한 화두로 떠오르고 있다. 지금까지 우리가 생활해 가는 도시의 가치는 역사·문화 자원, 도시경제, 도시경관, 도시안전 등 다양한 요인들로 척도되어 왔지만 그중에 도시안전은 앞으로 더욱 중요한 요인으로 인식될 것이라 예상된다. 도시안전은 도시정책적인 차원에서 해결하여 나아가야 할 만큼의 중대한 화제가 되었으며, 중앙부처 및 각 지자체에서는 이러한 안전문제의 심각성을 개선하기 위해 설계단계에서 안전설계기법 및 디자인을 접목하여 안전도시 만들기를 확대해 나가고 있다. 이러한 도시안전에 대한 관심은 도시민의 삶에 대한 기본적인 안위를 추구하기 위함이며, 우리의 일상적 공공공간(주거지역·도로·공원 등)은 안전도시 조성에 있어서 가장 중요한 영역이다.

공공공간에서 발생하는 안전문제에 대해서는 우리 사회 전체가 부담해야 하는 과제이다. 안전문제 발생 이후의 대응에 의존하는 기존의 안전관리에서 벗어나 보다 근본적인 주변 환경의 설계를 통해 안전문제 발생을 감소시키고, 시민들의 적극적인 협력을 바탕으로 안전문제에 대한 의식변화와 예방효과 증대를 통해 삶의 질을 향상시킬 수 있는 대안이 필요한 시기라 생각된다. 안전을 위한 더 나은 공공공간을 만들기 위해 우리가 어떠한 것들을 유념해야 하는지 선진사례를 통해 알아보고자 한다.

# SUPPLEMENT

## 더 나은 공공공간을 만드는 포인트는 무엇인가?

안전을 위해 보다 더 나은 공공공간은 놀라울 정도로 심플한 공간이다. 'Project for Public Spaces'라는 미국의 단체에서 1만 개소 이상의 공공공간 조사를 한 결과, 대규모의 도시 광장에서부터 소규모 근린공원에 이르기까지 공공공간에서의 중요한 포인트 4가지가 공유되고 있었다.

1. **액세스(access)**가 쉬어야 한다. - 대상지 내의 다른 중요한 시설과의 동선 연결이 중요하다.
2. **쾌적한 공간**으로 좋은 이미지의 전망을 보인다.
3. 그곳에서 펼쳐지는 여러 가지 활동에 **많은 사람들이 참가**한다.
4. 사람들이 한 번만 다녀가는 곳이 아니라 몇 번이고 찾아오는 **사회성을 가진 장소**이다.

위의 4가지 포인트는 우리가 살아가고 있는 각각의 지역 공공공간을 평가하고 보다 더 나은 공간으로의 지침이라고 할 수 있다. 더 나은 공공공간으로 전환하기 위해 위에 명시한 포인트에 대해 구체적으로 알아보자.

## 액세스(access) 및 주변과의 연결(동선)

주변과의 동선을 보면 그 장소의 접근의 편의성을 쉽게 판단할 수 있다. 더 나은 공간의 특징은 그 공간으로 들어가기 쉽고 들어간 후 어디로 가고 싶은가 방향을 쉽게 알 수 있도록 표시되어 있다는 것이다. 그 장소에서 무엇이 이루어지고 있는 것인지, 가까운 곳만이 아닌 먼 곳에서도 한눈에 내다볼 수 있는 것이 바람직하다. 또 접근성에 대해서는 부지의 경계도 영향을 미친다. 예를 들면, 아무것도 없는 벽이나 빈터로 형성된 가로와 비교하면 길목에 각종 상점이 늘어선 가로가 사람들의 흥미를 끌어 일반적으로 안전하다(자연감시). 게다가 접근을 위한 공간으로서 도보나 대중교통을 이용하는 사람에 대한 배려와 자동차를 이용하는 사람이 많아도 정체가 일어나지 않을 만큼의 충분한 공간을 확보하는 것도 중요하다.

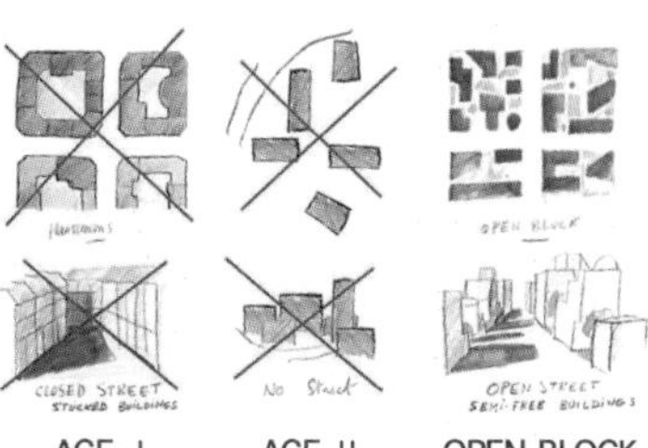


The Open Block, Massena, Paris

좌. Abbé-Pierre공원(Ah-Ah Paysagistes설계)의 전경과 주위 대학, 오피스, 주택의 모습.
공원과 주변의 시설과의 연결이 용이하여 접근성이 높음. 공원을 중심으로 한 건물의 고도제한과 벽면 분할.
_designed by 가로폭과 디자인 : Christian de Portzamparc, 가로 녹화 : Thierry Huau

우. 폐쇄적인 중정과 가로를 가진 역사적 지구(AGE Ⅰ) / 가로와의 관계성을 잃은 근대적 지구(AGE Ⅱ) /
가로성을 가진 채 열린 오픈지구(OPEN BLOCK)
_designed by : Atelier Christian de Portzamparc

### 쾌적함과 이미지

쾌적함으로 사람을 유인하는 곳이라면 좋은 공간(안전을 고려한 공간)이다. 쾌적하다고 사람들이 느끼기 위해서는 안전하고 청결한 장소로 그곳에서 편안히 쉴 수 있어야 한다. 그러나 나머지는 좋은 평가를 받는 장소임에도 불구하고 앉을 장소가 충분히 없는 것이 큰 결점이 되는 공간이 상상 이상으로 많다. 사계절 어느 시간대에나 앉아 편안히 쉴 수 있는 공간을 많이 확보하는 것이 사람을 유인하는 요소로서 중요하다. 여성은 자신들이 사용하는 공공공간에 대해서 보다 엄격한 기준을 두고 판단하기 때문에 여성이 많이 이용하거나 모이는 장소는 일반적으로 좋은 공간(안전을 고려한 공간)이 많다.

The Campus Park at Umea University, Vasterbottens Lan
_designed by : Thorbjorn Andersson
좌. 자갈을 전면에 깔고 목재로 형태를 만든 옥외 휴게테라스
우. 목재로 만들어진 제방이 공원 곳곳에 쾌적한 장소로의 이미지 연출

## 이용도와 이용법

공공공간의 이용법을 결정하는 것은 무엇보다도 중요한 일이다. 사람들은 어떤 목적을 가지고 공공공간으로 찾아온다. 반대로 재미있는 일이 없고 찾아올 의미를 느끼지 못한다면 아무도 찾아오지 않은 채 이용되지 않는 공간으로 전락해 버린다. 만약 어느 공간이 현재 그렇게 방치되고 있다면 그것은 무엇인가가 잘못되었다는 증거이다. 운동장을 두고 생각해보면 나이가 어린 아이들이 낮에 이용할 것이고, 농구코트가 있으면 청소년들이 방과 후 모여들 것이며, 밤에 어느 밴드의 콘서트를 개최하면 다양한 사람들이 찾아올 것이다.

**Grand Front Osaka, Japan**

_Master Architect : Nikken Sekkei LTD + Mitsubishi Jisho Sekkei Inc.+ NTT Facilities, INC.

_Landscape design : OHTORI Consultants

상. 느티나무 가로수로 화사하고 활기가 있는 가로공간으로 형성

하. 보도 위의 오픈 카페와 배너광고 등 민간 소유지를 이용하여 시야적으로 기존의 보도보다 넓은 보도로 계획

### 사회성

사회성은 공간의 질을 결정하는 가장 중요한 요인이자 가장 어려운 요인이다. 어느 공공공간이 사람들의 마음에 드는 장소가 되어, 친구와 만나는 약속장소가 되거나 이웃사람과 인사를 나누고 낯선 사람과 알게 되는 곳이 된다면 그것은 좋은 공간으로의 성공적인 사례이다.

Hafen-city, Hamburg
_designed by : Herzog & De Meuron
좌. 보행자를 중심으로 신나고 재미나는 공공공간으로 설계된 광장. 파이프로 만들어진 조형물은 조명기능을 지님
우. 보행과 자전거를 중심으로 계획한 마을만들기 사례

오늘날 공간 설계자 및 디자이너들은 공공공간을 더욱 안전하고 접근이 쉽도록 만드는 도전에 직면했다. 더 나은 공공공간 계획은 악순환을 사전에 방지한다. 예를 들어 방범 조명, 길찾기 지도(Way-Finding Measures), 시야 확보 및 고립되거나 외진 장소를 최소화하는 것은 공공장소에서 범죄가 일어나는 확률을 낮출 수 있다. CCTV 추가 설치 및 안전 관련 시설물을 추가하는 것은 단지 여러 접근법 중 하나이다. 사실 더욱 효과적으로 해결할 수 있는 것은 특정요소를 다시 디자인 또는 공간을 재설계하여 공간의 이미지를 안전한 공간으로서 탈바꿈하는 것이다.

많은 사람들이 공공공간을 이용하도록 유도는 했지만 공공공간에서 벌어질 수 있는 안전문제에 대해서 간과했던 것 또한 사실이다. 앞으로 공공공간을 신중하게 디자인 또는 재설계하고 유지·관리한다면 공공공간에서의 안전문제를 해결할 수 있을 것이라고 기대한다.

Ref. 정재희, 『범죄로부터 안전한 도시만들기를 위한 환경디자인적 접근』, 경남발전연구원, 2007.
안성모 외 4명, 「범죄예방을 위한 디자인 프로젝트」, LG Global Challenger, 2008.
신상영, 『주민참여형 안전마을 만들기』, 서울연구원, 2013.
Safer Canterbury, 『Creating Safer Communities』, 2004.
marumo-p, Landscpae design NO.96, 2014.

# TOPIC #15.

"Concise Space Safety"

_기능성 중심의 통합과 비움을 통한 안전디자인

# #15.
# 춘천, 모두를 위한 안전공간 만들기 프로젝트

Creating a Safe Space Project for All in Chuncheon-si

저자 **박재익** | 현 춘천시청 건설국 경관과 디자인담당 팀장

도농형 복합도시인 춘천의 도심은 아직도 이십여 년 전의 기반시설을 그대로 간직하고 있다. 당시 조성된 도심의 도로망은 보행로와 차도의 구분이 없는 곳이 상당수 있고, 상권의 급속한 거대화로 인해 난개발이 지속적으로 이루어져 인구밀도 대비 도로의 폭은 턱없이 부족해져만 가는 상황이다. 이러한 도시구조를 통해 생성된 보행환경의 문제점을 개선하고자 전선 지중화 사업 및 수십 년 된 일부 도심 가로수를 이식, 재조성하는 등 보행자를 위한 안전공간 확보 노력을 부단히 진행해왔다.

특히 1997년 조성된 춘천의 중앙로는 중앙로터리를 중심으로 관공서, 금융, 쇼핑, 재래시장, 지하상가 등이 밀집된 춘천 최고의 상권지역으로서 하루 유동인구 평균 이만여 명이 오가는 춘천의 주요 거점도로이다. 이번 프로젝트의 대상지인 중앙로는 총 사업구간(400m) 중 평균 4m 구간 폭의 인도에 배전함 23개, 지하상가 출입구 13개, 지하상가 환기구 8개, 가로수 46그루, 버스·택시승강장, 기타 각종 시설물 등이 설치되어 매우 열악한 상황이다.

가로경관 개선사업 전 중앙로

취리히 도로경관

이번 중앙로 가로경관 개선사업을 소개하기에 앞서 과연 '아름답고 쾌적한 도시는 어떤 곳인가?'라는 의문과 함께 최근 방문했던 유럽 4개국의 모습을 통해 얻었던 소소한 생각들을 잠시 서술해 보고자 한다.

방문한 나라들은 유구한 역사를 자랑하는 압도적인 크기의 건축물과 거리 곳곳의 문화재, 광장, 아케이드 등 다채로운 경관성을 소유하고 있었다. 그러나 이러한 다양성과 아름다움을 더욱 주목하게 만드는 것은 바로 비어 있는 공간 위에 존재한다는 배경 때문이 아닐까 생각된다. 국내의 경우 교통, 도로, 사설 표지판만 보더라도 관리주체가 다르다는 이유로 도로 위에 각각의 지주가 설치된 경우가 많다. 반면 유럽 국가에서는 지나칠 정도로 하나의 지주에 신호등, 가로등 할 것 없이 통합하여 최적화된 장소에 설치하고 있었다. 또한 불법광고물은 4개국 방문 기간 동안 거의 찾을 수 없었고 사설 표지판은 호텔과 주차장에만 존재하였다. 별도의 허가된 민간업체의 규격 광고물들이 시설물만큼 많긴 했지만 고품질의 광고물은 거리에 또 하나의 볼거리를 제공하고 있었다.

좌측부터. 루체른 / 제네바 / 바르셀로나 / 스트라스부르 거리의 교통·방향안내 표지판

첨부된 사진 자료들은 이상의 내용에 대한 이해를 돕기 위해 소개하는 것으로서 매우 평범해 보이지만 국내 사정에 비춰보면 허전할 정도로 간결하고 절제되어 있다는 걸 느낄 수 있다. 필요함을 위한 불필요함의 제거와 통합, 아름다운 도시를 만들기 위해 반드시 선행되어야 할 과제라 생각한다.

기타 방문국들의 안전하고 쾌적한 공간조성을 위한 다양한 공공시설 및 공공시각매체 등을 소개하고자 한다. 비움에 근거한 공간확보를 시작으로 필요한 시설에 대해 진보되고 절제된 디자인 방법론을 통해 지역 정체성 및 경관성을 확보하고 있다.

좌. 루체른의 우체통
중, 우. 스트라스부르의 소화전

좌. 루체른의 관광안내판
중. 마드리드의 휴지통
우. 바르셀로나의 쓰레기수거함

좌. 인터라켄의 휴지통
중. 루체른의 공중전화기 및 공중화장실 안내사인
우. 취리히의 공중화장실 안내사인

춘천의 도심경관 개선사업은 2008년부터 시행되면서 춘천만의 공간 문제점 분석을 통해 경관특화작업을 진행해 왔고, 2014년 춘천 중앙로 가로경관 개선사업은 '춘천, 모두를 위한 안전공간 만들기'라는 사업명과 함께 비움을 토대로 쾌적하고 안전한 가로경관 만들기에 중점을 두고 사업을 추진하고 있다.

**춘천, 모두를 위한 안전공간 만들기 프로젝트 시나리오**

교통표지판, 사설표지판, 도로표지판, 신호등, 가로등 등의 지주물
배전함, 가로등제어함, 교통신호제어함, 환풍구, 소화전, 버스쉘터, 택시쉘터 등의 시설물
지하상가 출입구, 지하상가 주차장 출입구의 철재펜스, 불법 도로적치물 등
**시설半 사람半? 누구를 위함인가?**

불필요한 공공, 사설사인 및 시설물 통합, 제거
**비움을 통한 보행공간 확보**

필수적 공공시설물의 디자인 개선을 통한 감성적 기능 부여
공공구조물의 소재 및 형태, 제작방법 개선을 통한 개방감 실현
**디자인을 통한 감성적 경관조성 및 공간의 쾌적성 확립**

**모두를 위한 보행 안전공간 구축**

지주형태의 각종 시설물 통폐합을 통한 공간확보 이후 투수블럭, 미끄럼방지 맨홀, 미끄럼방지 가로수보호대 등을 설치하여 도로의 안전기반 시설을 확충하였고 보행공간의 안전성(Safety)과 쾌적성(Amenity) 확보를 위해 다음과 같은 디자인 솔루션을 적용하게 되었다.

먼저 지하상가 출입구 관련 13개소의 거리경관 단절요인인 검정색 철재펜스에 대한 개선방안으로 강화유리와 단순골조 제작방식을 통해 폐쇄된 공간을 투영하여 시야 확보 및 쾌적성을 확보, 공간의 개방감을 실현할 계획이다. 또한 23개의 기형적 노출시설인 배전함은 춘천문양과 지역작가와의 협업을 통한 디자인으로 1년 단위의 교체전시를 계획하고 있다. 또한 환기구 8개소는 판석 마감 이후 선별적으로 서포팅바(Supporting Bar)를 설치, 보행자의 안전을 위한 디자인 요소로 추가할 예정이다. 그 외 광고물 개선사업을 통해 돌출 광고물 제거 및 1업소 1간판과 같은 정량적 개선과 브랜딩 디자인을 통한 정성적 경관 향상을 도모할 예정이며 기타 이동의 편리성과 인식성, 접근성 향상을 위한 공공정보사인(지역유도사인, 지역 가이드맵 등)을 강화할 계획이다.

**시설물 분포현황 인포그라픽스**

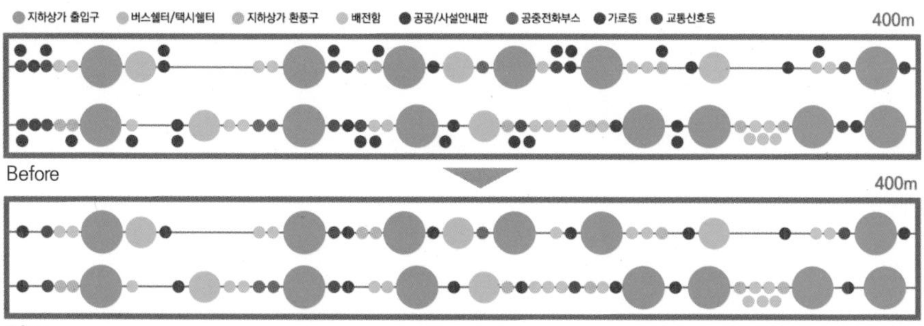

좌. 가로경관 개선사업 전 시설물
우. 가로경관 개선사업 후 시설물

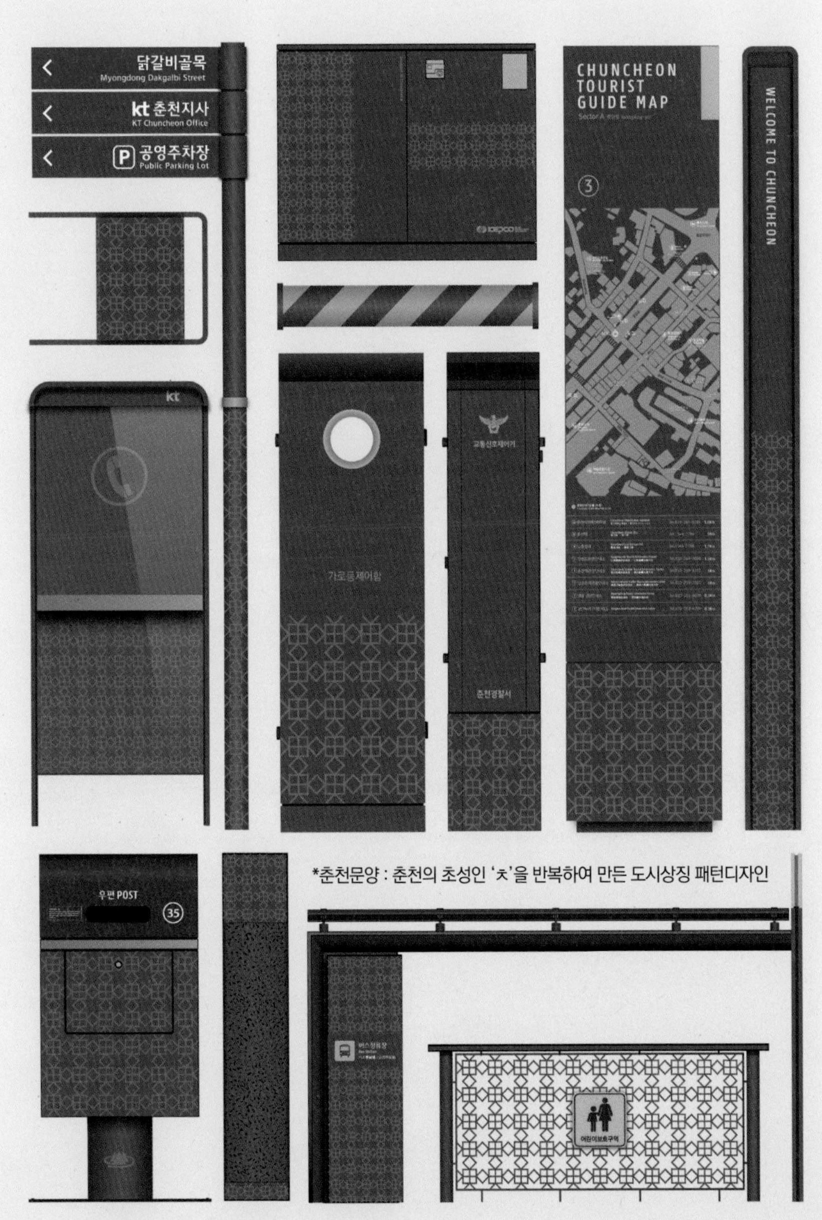


*춘천문양 : 춘천의 초성인 'ㅊ'을 반복하여 만든 도시상징 패턴디자인

통합 가로시설물 개선안

# TOPIC #16.

## “Public Facility Design for Urban Safety”

_도시 시설물의 디자인과 안전설계를 통한 안전확보

# #16.
# 걷고 싶은 도시, 안전도시를 위한 공공시설물

Public Facilities for Safe and Pedestrian-Friendly Cities

저자 **박재호** | 현 서울시청 도시공간개선단 공공시설디자인팀 주무관

## 안전도시 만들기 _패러다임의 변화

오늘날 도시는 과거 경제발전 규모의 성장에서 자연적, 인위적, 재해, 범죄 등으로부터 안전에 기반을 둔 사회로 패러다임이 변화하고 있다. 안전이 지방선거의 공약으로 등장하는가 하면 전통적 재난관리에서 3안(안전, 안심, 안정)의 새로운 안전관리에 기반을 둔 행정안전부의 안전도시(Safe City) 정책이나 중앙정부의 안전도시 인증제를 취득하려는 각 지자체의 사업증가 등이 그 사례이다.

서울시만 봐도 '안전한 도시'는 민선 6기 시장 공약 중 하나의 키워드이다. 2014년 7월 '서울은 안전한가' 서울도시정책포럼 개최를 시작으로 2015년 2월에는 '안전신고포상제'* 개설 등 도시위험의 근본적 안전대책 모색을 위하여 의욕적으로 안전정책을 추진해 오고 있다. 이러한 안전과 관련된 정책은 끝없이 진화하고 있는 도심공간에서 시민들이 직면하는 위험과 불편함을 최소화하기 위한 사회의 노력으로 볼 수 있다.

* 안전신고포상제 : 교통시설, 다중이용시설, 취약시설이나 안전관련 공공시설 등 생활 속 안전위험요소를 신고하거나 안전정책 개선안을 제시한 시민에게 최대 100만 원의 포상금을 지급하는 제도로서 재난징후를 미리 알아내 재난과 안전사고를 효과적으로 예방하기 위해 서울시 도시안전본부 안전총괄과가 2015년 2월 27일 시행. 접수된 상황은 소관부서에서 신속하게 처리하고 신고된 내용 중 긴급사항에 대해서는 민간전문가 등과 합동점검을 실시해 개선조치를 취할 예정이다.

## 공공시설물의 안전디자인

안전에 있어서 행정적 관여의 확대와 사회 전반적인 인식이 높아지기는 하나 도심가로의 유형적 요소인 공공시설물에서 안전의 역할은 과연 충실할까. 공공시설물은 개인이 아닌 모든 사람들을 위한 시설로서 인간의 행동과 밀접하게 관련된 시설물의 특성상 공공시설물의 안전성은 최우선적으로 고려되어야 할 요소이다. 안전(安全)이란 위험이 생기거나 사고가 날 염려가 없는 것, 또는 그러한 상태를 말하지만 우리 주변에 설치되어 있는 공공시설물을 살펴보면 그 구조나 위치, 작동의 안전성, 자연현상에 대한 대비 등 갖추어야 할 기본적 구성요소에는 미흡한 부분이 많다.

서울의 청계천 주변에서 흔히 볼 수 있는 볼라드〈그림 1〉의 경우, 차량의 보도난입과 불법주차를 막기 위해 설치되어 있지만 그 크기나 설치 위치로 인하여 장애우나 유모차의 통행을 방해하고 부상을 입히는 경우가 종종 발생한다. 또한 보도변에 낮은 높이로 설치되어 있어 안전한 보행을 방해하고 모서리가 살아있는 형태와 화강석이라는 재료의 심리적 영향으로 인하여 보행자에게 두려움마저 들게 하고 있다.

〈그림 1〉 청계천 주변 볼라드와 보도블럭 시공모습

〈그림 2〉
로마 시내에 설치되어 있는 볼라드

로마 판테온 신전 주변에는 동그란 볼라드〈그림 2〉가 설치되어 있다. 이 볼라드는 사각기둥이나 원통형도 아니고 키도 그리 높지 않다. 단순한 인간적인 스케일의 원구형태로 되어 있어 보행자가 부딪쳐도 사고를 예방할 수 있으며, 보도와의 시각적 연속성도 지닌다. 또한 심리적 거리감을 없애 시민이나 관광객들이 쉽게 다가갈 수 있는 형태이다. 이처럼 볼라드는 가로환경을 구성하는 주요 요소인 만큼 물리적 방호기능의 일차적 기능을 넘어서 심리적으로 안전감을 줄 수 있어야 하고 시민들에게 심미적인 형태로 다가갈 수 있어야 한다.

## 국내 공공시설물 정책과 안전성

그동안 우리나라의 도시는 급속한 성장으로 도시가 과밀해지고 도시공간을 이루는 건축물이나 시설물 등이 복잡하고 혼란스러워 사용에 불편을 주는 등 시민들에 대한 배려와 도시의 정체성이 부족하였다. 이에 지방자치단체들은 공공디자인 실현을 위하여 도시디자인의 기본계획 수립에 근간이 되는 공공디자인 가이드라인을 제정하게 되었으며, 이를 근거로 공공시설물과 관련해서 우수공공시설물 인증제, 공공시설물클리닉, 공공시설물 표준형디자인 등 공공시설물의 통합디자인의 기틀을 마련하기 위해 다양한 정책을 펼치고 있다.

먼저 서울시의 경우, 도시의 개성과 질서를 부여하고 안전하고 쾌적한 도시, 서울시 공공성 정립을 위하여 시행하는 〈서울우수공공디자인〉 인증제와 〈서울디자인클리닉〉이라는 제도가 있다. 서울우수공공디자인 인증제는 2008년 5월 시장방침에 의거하여 '제258호 공공디자인 인증제 도입계획(안)'으로 진행되었으며 미학적, 기능적, 환경적, 사회적으로 가치 있는 공공디자인 제품과 아이디어를 발굴하여 공공영역에 사용을 권장할 수 있는 제품을 인증하여 사용을 장려하는 제도이다. 인증대상은 국내 공공디자인 관련업체에서 양산되었거나 양산될 예정인 공공시설물이고 '서울우수공

### 서울우수공공디자인 심사항목 및 기준

| 심사항목 | 배점 | 기타 |
|---|---|---|
| 디자인서울 가이드라인 | 40점 | 70점 이상 합격을 원칙으로 하며, 심사위원회에서 일부 조정 |
| 기능성(내구성, 사용편의성, 유니버설, 무장애) | 30점 | |
| 경제성, 시공용이성 | 10점 | |
| 환경친화성, 조화성 | 10점 | |
| 창의성, 심미성 | 10점 | |
| 총 점 | 100점 | |

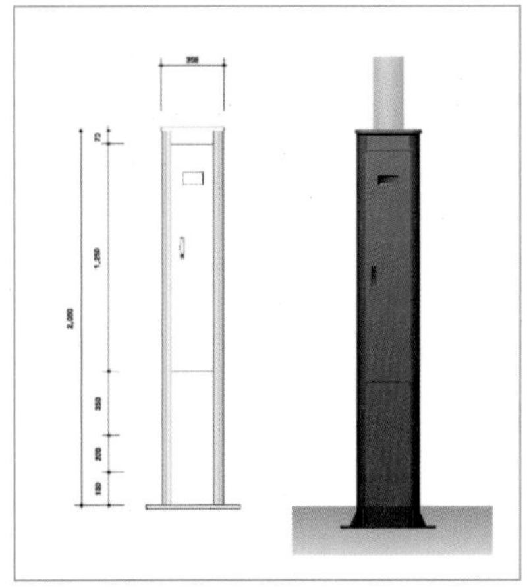

〈그림 3〉
13회 서울우수공공디자인 인증 선정제품(지상기기), 이 제품은 내부회로를 최대한 수납할 수 있는 사각형의 효율적인 구조로서 모서리는 둥글게 처리하여 보행자의 시각적 안전과 시설물 점유면적을 최소화하여 보행자의 보행권을 배려한 제품이다.

상. 〈그림 4〉 서울우수공공디자인 인증제 현물심사 모습
하. 〈그림 5〉 제12회 서울우수공공디자인 인증제품

공디자인'으로 인증되면 2년간 인증마크를 사용할 수 있다. 인증에 선정되면 자치구 및 시 산하기관에서 디자인 발주 시 서울시민디자인위원회의 심의가 면제되고, 책자 발간 등을 통해 자치구 및 산하기관에 홍보된다. 인증 선정기준은 서울시에서 작성한 디자인 기준 준수사항과 서울시에서 도출한 평가사항을 바탕으로 위원회를 구성하여 심사를 하게 되는데 평가항목은 디자인서울 가이드라인을 바탕으로 기능성, 경제성, 환경친화성, 창의성 등이 해당된다.

경기도의 경우, 2009년 전국 최초로 인증제와 관련하여 '경기도우수공공시설물 디자인 인증' 조례를 제정하였다. 이를 근거로 하여 품격 있는 도시환경 조성을 목적으로 디자인경기 가이드라인에 부합하는 우수한 공공시설물을 디자인 전문업체 간 경쟁을 통해 인증하고 있다. 경기도우수공공시설물 디자인인증으로 선정되면 3년간 인증마크를 사용할 수 있으며, 인증작품집 제작을 통해 자치구 및 경기도 산하기관에 정보제공을 하게 된다. 특히 사업발주 시 디자인심의위원회의 심의를 면제받게 되는 혜택이 주어지며 인증기간만 다를 뿐 전반적인 운영과정은 서울시와 유사하다.

충남우수공공시설물 디자인인증제는 충청남도 내 우수한 공공시설물의 디자인 개발을 장려하고 공공디자인의 수준 향상과 품격 있는 도시환경 조성을 목표로 2010년부터 시행하고 있다. 우수디자인 제품으로 인증받은 제품에 대해서는 향후 3년간 인증마크를 사용할 수 있는 혜택과 각종 전시회 출품지원 등 다양한 홍보혜택을 누릴 수 있다.

전라남도는 2010년 공공디자인 활성화 및 저변 확대를 위하여 공공디자인 분야 우수디자인을 장려하고 녹색디자인 추진방향에 부합하기 위한 제도로 전라남도 녹색디자인 인증제를 시행하고 있다. 녹색디자인 인증제는 지역의 친환경 녹색디자인 이미지를 정착시켜 나가기 위해 도내 22개 시군을 대상으로 공공분야 우수디자인을 선정하고 도지사가 인정하는 인증마크를 부여하는 제도이다. 인증대상은 공공시설물 이외에 공공시각매체, 공공공간, 농수산물 포장디자인 등 공공디자인 분야를 포괄적으로 포함하고 있다.

이처럼 각 지자체별로 저마다 디자인 가이드라인에 중점을 두고 도시정체성 확립을 위하여 공공시설물과 관련한 정책을 운영하고 있다. 하지만 그 선정과정에 있어서는 지역별 디자인가이드라인에 큰 비중을 두고 사용성, 경제성, 심미성 등의 평가항목만 기준으로 다루고 있어 안전성에 대한 평가는 별도 항목 없이 사용성이나 기능성에 편입하여 심사를 진행하고 있다. 공공시설물은 시설

〈그림 6〉 지자체별 우수공공시설 인증마크. 각 지자체별로 우수공공시설물을 인증하는 정책을 보면 인증 선정과정에서 다루는 안전성에 대한 평가부분에 적정성이 검토되어야 한다.

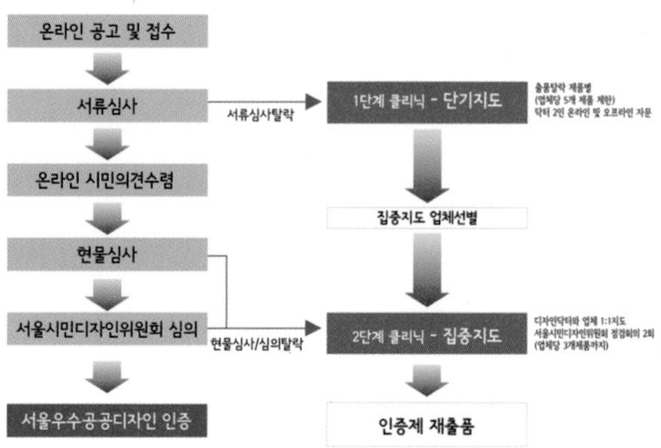

〈그림 7〉 서울디자인클리닉 진행 프로세스

계별로 그 역할이나 특성이 다르기 때문에 시설마다 평가항목의 중요도나 가중치를 적용하여 심사에 반영해야 하지만 그렇지가 않은 것이다. 왜냐하면 가로등과 맨홀 같은 공급시설과 시민에게 직접적인 편의를 제공하는 벤치, 휴지통과 같은 편의시설에 대한 평가항목의 가중치는 다를 수밖에 없기 때문이다. 특히 2008년 하반기부터 2012년까지 인증제도를 시행하고 있는 광역자치단체 4곳의 인증 현황을 살펴보면 보행자용 펜스, 차량용 펜스, 방음벽 등 교통과 보행에 관련된 시설물이 전체 38.3%로 인증건수가 가장 높게 나타났다.* 이러한 점을 볼 때 안전성에 대한 부분도 평가항목으로서 비중 있게 다루어져 시설물 평가에 적정성이 검토되어져야 한다.

### 시설물에도 안전클리닉이 필요하다

서울시는 서울우수공공디자인 인증제와 더불어 디자인인증제에서 탈락한 업체들을 대상으로 디자인서울 가이드라인을 교육하고 서울시의 추진방향에 맞는 공공디자인 개발방법을 지도하는 사업으로 '서울디자인클리닉'을 운영하고 있다. '서울디자인클리닉'은 서울시에서 위촉된 디자인닥터(디자인전문가)와 매칭을 통하여 개발업체의 공공시설물 디자인문제 진단과 자문을 받을 수 있도록 지원해 주는 프로그램이다.

* 장영호, 「공공시설물 디자인 인증제의 운영 현황 및 디자인 특성에 관한 연구」, 한국도시설계학회지, Vol.14 No.5, 2013.

그러면 서울우수공공디자인 인증제에 선정되기 위하여 클리닉 지도과정에서 안전의 의미와 중요성이 무엇인지 살펴보는 것은 의미 있는 일일 것이다. 서울우수공공디자인에 출품된 자전거보관대〈그림 8〉는 과도한 장식적 요소와 앞쪽으로 돌출된 판재로 인해 보행자의 안전에 문제성이 있어 직관적인 사용이 어려운 형태였다. 이 제품은 클리닉 과정을 통하여 장식적 요소를 최소화하고 시각적 균형을 고려한 스탠드 타입의 보관대형으로서 생산과 시공관리가 편하도록 발전시켰다.

펜스〈그림 9〉의 경우, 지주부분의 중간을 가로질러 용접된 철판이 불안정해 보이고 가로 바의 출렁임 현상이 있어 제품 자체의 안정성에 문제가 있었으나 클리닉 지도를 통하여 핸드레일과 가로 바의 수량을 축소하였다. 간격비례도 일부 조정하여 시각적 조형미와 함께 형태는 가급적 수직 수평을 유지하고 불필요한 돌출부는 삭제하였다.

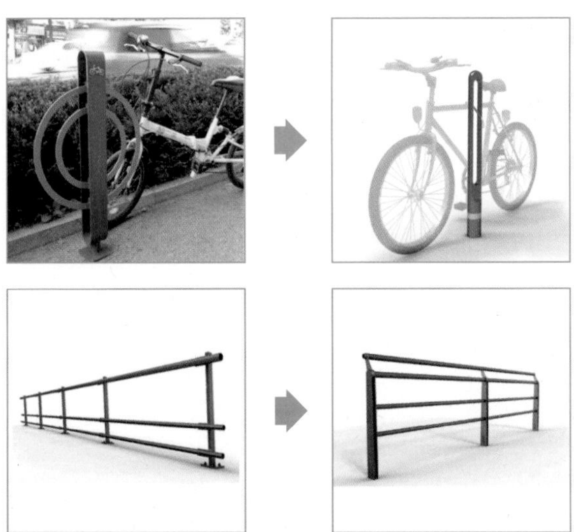

〈그림 8〉 좌. 클리닉 전 자전거거치대 / 우. 클리닉 후 자전거거치대
〈그림 9〉 좌. 클리닉 전 보행자용 펜스 / 우. 클리닉 후 보행자용 펜스

맨홀〈그림 10〉은 매설된 시설과 지상을 연결하는 경계면으로서 관리자 출입이 용이해야 하며 가스배출, 배수기능, 추락방지, 수밀성의 기능과 관리주체 및 맨홀 종류 등의 정보가 표기되어야 한다. 클리닉 지도 전의 이 제품은 비, 눈 등이 올 때 금속표면이 미끄러워 보행자가 넘어지거나 바닥면이 균일하지 않아 휠체어, 유모차 등의 이동에 장애 발생률이 높았다. 클리닉을 통하여 제품기능을 알리는 정보 외에 불필요한 정보를 제거하고 간결한 이미지를 부여하였으며 미끄럼방지 돌기, 배수구멍, 손잡이, 열기홀, 속뚜껑 결합부 등 외관과 기능적인 부분에서 안전성을 고려하였다.

현대인의 90% 이상이 거주하고 생활하는 도시공간에서 공공시설물은 우리가 피하고 싶어도 피할 수 없는 것들이며, 한 번 만들어지면 교체비용도 만만치가 않다. 위 '서울디자인클리닉' 사례처럼 공공의 안전을 위한 시설이라면 눈에 잘 띄고, 누구나 쉽게 접근할 수 있어야 하며, 간편하게 조작할 수 있도록 인간의 심리와 행태를 고려하여 디자인되어야 한다. 공공공간에서는 시민들이 직면하는 위험과 불편이 다양할 뿐만 아니라 수많은 공공시설물이 시민의 안전과 직결되어 있기 때문이다.

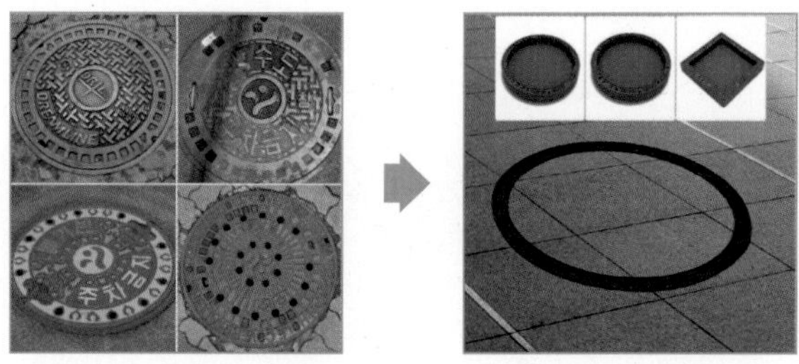

〈그림 10〉 좌. 클리닉 전 맨홀뚜껑 / 우. 클리닉 후 맨홀뚜껑

## 마치며

최근 지방자치단체에서도 일상생활 속에서 시민들이 안심하고 살 수 있는 공간을 조성하고자 도시의 성장지표 중 도시의 안전을 우선 순위로 설정하고 있는 추세이다. 하지만 관련 사업은 안전디자인을 활성화시키는 과정이라는 점에서 인정되어 왔지만 설계가 끝나고 사용단계에 와서는 실제 결과물에 대한 관리체계의 부재로 인하여 안전디자인의 질적 향상에는 구조적인 문제가 많다. 이러한 문제를 개선하기 위해서는 통합적 접근이 필요하다. 공공시설물은 법률적, 공학적 접근만으로 안전에 대한 문제가 해결될 수 없기에 총체적인 접근을 통해서 시민의 눈높이에 맞는 방향으로 통합되어야 한다. 예를 들어 안전디자인 컨설팅 지원을 통한 지속적인 모니터링이라든지 안전디자인의 프로세스에 맞는 평가시스템이나 체크리스트 개발 등의 안전과 관련한 운영시스템이 필요하다. 이러한 도시안전정책의 실행역량 강화가 조속히 실현되어 우리 도시가 안전하고 편리한, 걷고 싶은 도시로 성장하기를 기대해 본다.

Ref. 권영걸, 『공공디자인 산책』, 도서출판가인, 2008.
서울특별시, 『디자인서울 가이드라인』, 2009.
서울특별시, 『디자인서울 교육자료』, 2007.
박재호, 「공공시설물 디자인평가를 위한 기초항목 연구」, 디자인학연구 통권 제96호, Vol.24 No.3, 2011.
이경돈, 최정수, 『안전디자인』, 서우출판사, 2014.
장영호, 「공공시설물 디자인 인증제의 운영 현황 및 디자인 특성에 관한 연구」, 한국도시설계학회지, Vol.14 No.5, 2013.

# TOPIC #17.

"Urban Life Environmental Design for Safety"
_사용자 중심의 생활환경디자인 전략을 통한 안전디자인 구현

# #17.
# 주민이 만들고 지키는 생활환경의 안전

Safe Living Environment Made and Kept by Residents

저자 **정수진** | 현 수원시정연구원 도시디자인센터장

지동 벽화마을

사회적으로 안전이 중요한 가치로 인식되면서 생활환경을 안전하게 만들고 가꾸기 위한 시범사업들이 국가나 지방정부 주도로 상당히 많이 이루어지고 있다. 공공에서 주도하여 추진되는 각종 사업은 주로 전문가나 전문업체가 참여하고 있으며, 그 결과 범죄예방디자인(CPTED) 및 생활환경 개선부분에서 상당히 많은 디자인적 성과가 나타나고 있다. 그러나 이러한 성과는 준공시점이 지난 뒤에는 점차 관리가 소홀해지고 훼손되기도 하여 오히려 안전하지 못한 환경을 만드는 경우도 있다.

지역 생활환경의 안전디자인은 사업으로 추진되어 만들어진 경우도 있지만 그 지역에서 살고 있는 주민들이 직접 참여해서 만들고 가꾸는 과정에서 탄생하는 경우가 종종 있는데, 이러한 '버내큘러 디자인(Vernacular Design)'은 디자인적 완성도는 떨어질 수 있으나 지역의 환경에 산재해 있는 각종 위협에 대처할 수 있는 다양한 아이디어를 찾을 수 있다는 점에서 유용하며, 특히 수원의 마을만들기 과정에서 등장한 각종 생활환경의 안전디자인은 주목할 만한 가치가 있다.

조원동 마을만들기 사업에서 발견할 수 있는 안전디자인은 생활 속의 작은 부분에 대한 관심에서 시작한다. '대추동이 마을만들기' 정순옥 대표는 일반인은 쉽게 지나가는 오르막이지만 겨울철에는 얼음이 녹지 않아 어르신들이 지나가기 힘든 길에 손잡이를 설치해서 낙상을 방지할 수 있도록 했다. 손잡이가 차갑지 않도록 처리하는 세심함을 발휘했다. 흔한 현수막 게시대이지만 뒤편 공간이 사각지대가 되어 위험한 공원부지에 주목해서 꽃을 심고, 안내판을 달고, 맹꽁이 의자를 설치해서 사람들이 찾는 공간으로 만들었다. 그 결과 안전도 확보하게 되었고 다리 아픈 어르신들이 쉬어갈 수 있게 되었다. 쉽게 놓치기 쉬운 사각지대를 자연스럽게 없앨 수 있었던 것은 그 지역을 가장 잘 아는 주민들이 서로 머리를 맞대고 아이디어를 만들어냈기 때문이다.

조원동의 마을만들기를 추진하고 있는
정순옥 대표가 자신의 마을에 설치된
안전손잡이에 대해 설명하고 있다.

산과 우거진 나무들 때문에 생긴
그늘자리에 수시로 얼음이 얼어
어르신들이 고생하는 모습을 지켜본
마을 주민이 아니라면 생각할 수 없는 아이디어.
자신이 살고 있는 마을환경 곳곳을 살펴보면서
취약한 지점을 알게 된 주민에 의한 생활디자인은
소박하지만 사람을 배려한다는 점에서
따뜻한 디자인이다.

조원공원은 공원으로는 지정되었지만
토지 소유주와의 문제로 남겨진 땅이 있다.
이 공간에 있는 현수막 거치대 같은 구조물의 뒤편은
범죄에 취약한 장소가 될 수 있으며,
쓰레기가 쌓여 갈수록 주민들에게 위협적인 공간이
되어 가고 있었다.

사람들이 버린 쓰레기를 치우고,
안내판을 세우고, 우체통 도서관을 만든 이유는
더 이상 사람들이 쓰레기를 버리지 않도록
자연스럽게 유도하고 공간이
감시될 수 있도록 발휘한
주민의 지혜이다.

현수막 게시대 뒤편은 사각지대를 형성하여 범죄에 취약한 환경이 될 수 있다.

조원공원의 공간활용을 위해 설치된 각종 소품들

다세대 주택의 담장을 허물고 조성한 공용 주차장. 평상을 두어 쉬어갈 수 있는 커뮤니티 공간으로 변모했다.

송죽동의 '공원 가는 길'을 만들어낸 '행복한 달팽이들'은 김은자 대표를 중심으로 모인 마을 만들기 모임이다. 이들은 마을 골목길의 허물어지기 일보 직전인 담장을 허물어내고 깨진 바닥을 아스팔트로 포장하였으며, 쓰레기가 모이기 쉬운 공간을 환하게 단장하여 깨끗한 골목길을 만들어냈다. 마을의 환경을 조금씩 깨끗하게 만들어보자는 생각으로 뭉친 사람들은 점점 서로를 알게 되어 옆집의 숟가락, 젓가락 숫자까지 공유하는 사이가 되었다. 김은자 대표는 '우리가 만들어놓은 마을 정원을 살펴보러 정기적으로 다니다 보니 어느새 동네가 안전해지고 있다'고 말하며 웃었다. 자신의 동네에 대해서 속속들이 알고 있다는 것은 동네를 안전하게 만드는 데 있어 중요하다. 마을 주민들이 자연스럽게 서로 감시하는 CCTV 역할을 하게 된 것이다. 골목에 꽃을 심고, 금이 간 벽을 허물어내고 그 자리에 놓은 화분에는 주민들의 아이디어가 녹아들어 새로운 환경이 만들어졌다. 작은 꽃들과 재활용품으로 만든 화분은 마치 장난꾸러기 예술가의 설치예술 작품 같지만 이는 주민들이 아이디어를 모으는 과정에서 자연스럽게 등장한 버내큘러 디자인이자 안전디자인이다.

공원 가는 길에 꾸민 작은 정원. 화분 역할과 동시에 빗물을 모아 재활용하기 위한 아이디어가 적용되어 있다.

이러한 '과정'의 디자인은 유순혜 총괄감독이 이끄는 지동 벽화골목에서도 나타난다. 지동은 수원에서 위험한 곳으로 소문난 지역이다. 세계문화유산인 화성의 성벽을 마주보는 야트막한 언덕의 아름다운 동네이지만 문화재 관리구역으로 지정되어 각종 개발행위와 건축행위가 제한되고 있어 점차 낡고 쇠퇴하였으며, 빈집과 미로 같은 골목이 산재되어 있다. 그러나 지동의 골목은 전국에서 가장 아름다운 벽화로 이어지는 길이기도 하다. 지동의 벽화는 스스로 생명력을 가진 것처럼 스스로 성장하고 변화하고 있는 것 같이 보인다. 올해에만 1.3km의 벽화 골목이 더 조성될 예정으로 이렇게 만들어진 지동 벽화골목은 수많은 사람들이 찾는 장소로 바뀌고 있다.

지동의 벽화골목은 소문난 명소가 되어 평일에도
골목을 따라 사진을 찍으러 다니는 사람들을 심심찮게 만날 수 있다.
원래의 벽화골목은 생활환경을 개선하기 위해 시작되었으나
점차 주민들이 벽화가 가져다 주는 효과를 인식하게 되면서부터
골목마다 다양한 벽화로 가득차게 되었다.

지동에서 무엇보다 중요한 것은 안전한 공간을 확보하는 것이다.
골목으로 향한 창문이 없는 좁은 골목에
마음을 안심시키는 환한 그림들이 반겨준다.
걷기 힘든 울퉁불퉁한 길과 계단은 정리되어
걷기에 편한 길로 바뀌었다.
담장 위에 유리나 철창 대신 화분이 놓이고
마을의 분위기가 바뀌기 시작하는 것은
안전한 생활환경을 만들기 위한 첫 걸음이다.

벽화를 그리는 것은 단기간에 안전한 생활환경을 만들기 위한 좋은 수단이다. 그러나 이러한 수단이 되풀이되어 사용되는 까닭에 식상한 느낌을 주고 있다. 벽화 설치를 위해서 우선적으로 고려되어야 하는 것은 설치환경에 있어 많은 문제를 사전에 해결한 후 추진되어야 한다는 것이다. 또한 사용될 소재와 도료 등에 있어서도 몇 가지 가이드라인을 만들어 준수할 필요가 있다. 주민이 기획하고 만들어서 관리하는 것도 중요하다. 일회성 사업으로 진행된 벽화는 오히려 해당지역을 더 낡아 보이게 할 수 있으며 위험하게 만들 수도 있다. 그렇기 때문에 그 지역에 대한 깊은 이해와 끊임없는 관심과 애정이 필요하다. 지역주민과 같이 추진하는 커뮤니티디자인은 안전디자인의 핵심가치를 형성한다. 공공기관과 전문가는 이러한 주민의 시선에서부터 디자인을 시작해야 한다. 이것이 생활안전디자인에 있어 가장 중요한 점이다.

# TOPIC #18.

"Analyze for Legislation of Urban Safety Design"

_도시 안전디자인의 법제화를 위한 기초분석

#18.
# 도시 안전디자인 관련법과 정책 현황

Urban Safety Design related Law and Policy

저자 **신서영** | 현 (사)한국도시설계학회 홍보 안전디자인연구회 연구원

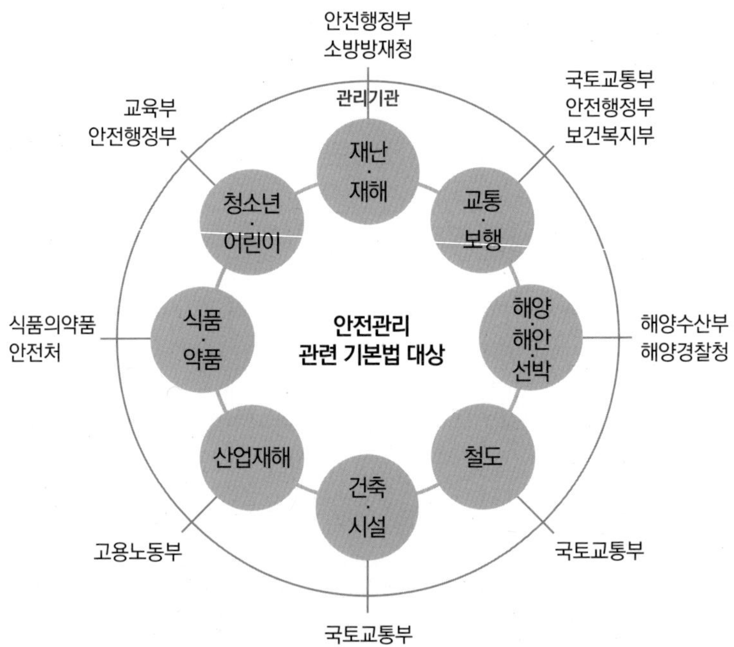


국민안전처 설립 이전 기준, 안전관리 관련 기본법 대상 및 관리기관

Ref. (사)한국도시설계학회 안전디자인연구회, 「수원시-한국도시설계학회 '수원시 도시디자인 정책 연구' 관학협력사업」, 2015.01.

## 안전관리 관련 기본법 및 자치법규

현행 법령체계 하의 대표적인 안전관련 기본법과 각 관리기관은 공간별, 대상별로 다양하다. 정부는 2013년 행정안전부를 안전행정부로 명칭 변경하여 안전에 대한 특별한 주의를 기울였으나 2014년에 발생한 세월호 침몰사고를 계기로 구.해양경찰청, 해양수산부, 소방방재청 및 안전행정부의 안전본부 사무를 통합 관리하는 '국민안전처'를 신설, 안전관리 컨트롤타워로서의 역할을 부여하였다. 국민안전처 신설 이전까지 재난 및 안전관리기본법, 보행안전 및 편의증진에 관한 법률, 어린이놀이시설 안전관리법 등은 안전행정부에서 관리하였으며 자연재해대책법, 소방기본법은 소방방재청에서, 수상레저안전법은 해양경찰청에서, 선박안전법, 해수욕장의 이용 및 관리에 관한 법률은 해양수산부에서 관리했다. 그 외 교통안전법, 교통약자의 이동편의 증진법과 같은 교통 기반시설의 안전관리에 관한 법은 현재 국토교통부에서 관리하고 있으며, 장애인·노인·임산부 등의 편의증진보장에 관한 법률은 보건복지부에서, 산업안전보건법은 고용노동부, 식품안전기본법은 식품의약품안전처, 학교안전사고 예방 및 보상에 관한 법률은 교육부 등에서 각기 관리하고 있다.

지방자치단체에서 제정, 운영하는 안전관리 조례 및 규칙은 대표적으로 안전도시 조성에 관한 조례(과천시, 광주시, 수원시 등)와 지역별 안전문화 형성 및 범죄예방활동을 위한 자체 조직구성, 관리운영, 지원에 관한 내용(강원도, 경기도 등)이 다수이다. 그 밖에 재난 및 안전관리 관련에 대한 기본조례(서울시, 제주시 등)와 보행안전 및 편의증진 관련(경주시, 부산시 등), 놀이시설 안전(세종시, 원주시 등), 식품안전(광주광역시, 서울시 등), 물놀이 안전(속초시, 아산시 등) 관련 등에 대한 관리 조례를 별도로 수립한 경우가 있다. 또한 어린이의 통학로 및 보호구역 교통안전을 위한 조례(고양시, 구리시 등)와 아동·여성의 폭력 및 범죄로부터의 안전을 위한 조례(경상남북도 등)도 일부 지자체에서 제정, 시행 중이다.

## CPTED, 유니버설 디자인 연관법

육역, 해양 등 공간의 특성에 따른 안전 관련법과 자연재해, 화재, 교통 등 사고유형·원인별 안전 관련법은 앞서 언급한 바와 같이 제정되어 있으나 도시 안전을 디자인적 차원에서 직접적으로 규정하고 있는 법령은 부재하다. 다만 CPTED, 유니버설 디자인 방법론을 안전디자인 맥락으로 이해하여 다음과 같은 연관법을 살펴볼 수 있다.

2012년 '국토기본법'과 '국토의 계획 및 이용에 관한 법률'의 개정으로 도시·군 기본계획에 범죄예방에 관한 사항을 포함하게 되었다. 물론 이를 보다 효과적으로 추진하기 위해서는 지구단위계획 등에 상세 내용이 담겨야 하나 아직 그러한 수준이 아니며 따라서 차후 지구단위계획에 CPTED 개념을 반영할 수 있는 계획지침의 구체화가 요구된다. '도시공원 및 녹지 등에 관한 법률 시행규칙'에서는 공원조성 계획 시 범죄예방 계획수립을 의무화하고, 도시공원의 안전기준을 세부적으로 제시하고 있다. 안전기준에 시야확보, 출입로 지정 및 통제, 적절한 디자인과 자재 선정 등

경기도 안양시 만안구 안양3동 취약지역 범죄예방 시범사업 중
좌. 은행나무 쉼터 조성 전·후 / 우. 골목 안전거울 부착

—
Ref. 환경일보 www.hkbs.co.kr, '미와 안전을 동시에 품다! 안양3동 양화로를 일컫는 말'(2015.01.14)

CPTED의 기본원리를 포함하고 있는 것이다.

반면 근래 들어 자치법규 상에서 '범죄예방 도시(환경)디자인 조례'라는 명칭으로 디자인 차원의 실행원칙을 직접적으로 명시하고 있는 규정이 증가하고 있다. 2013년 양산시의 '범죄예방 관련 환경설계(CPTED)지침'을 시작으로 부산시, 경기도, 강원도 등 약 17개의 지자체가 유사한 조례를 제정하였다(2015년 기준). 이로써 해당 지자체는 관련 개선사업, 예를 들어 안전시범마을 조성사업 등을 적극적으로 추진할 수 있는 근거를 마련하였다. 실제로 경기도의 경우, 도와 시의 협력을 통해 뉴타운해제 지역 등 범죄취약 지역에 대한 범죄예방 서비스디자인 시범사업을 우선적으로 시행하고 있으며 부산시는 '셉테드 행복마을 사업'을 개발하여 도시재생사업과 CPTED를 접목, 사업효과를 극대화하고 있다.

부산시 서구 아미동 비석문화마을 셉테드 행복마을 사업 중
좌측부터. 버스정류장에 부착된 안내도 / 행복마을 안심카페 / 치안 올레길 이정표

Ref. 씨앤비뉴스 www.cnbnews.com, '부산시, 비석문화마을 탐방로 조성 완료'(2014.03.11)

유니버설 디자인 연관법으로는 1997년 제정된 '장애인·노인·임산부 등의 편의증진보장에 관한 법률'을 들 수 있다. 해당 법률은 일상적 교통수단 이용에 불편을 겪는 대상들에 대한 편의증진을 구체적으로 언급하고 있다. 이동관련 문제점을 보다 적극적으로 개선하기 위해 2006년 '교통약자의 이동편의 증진법'이 시행되었으며, 이에 따라 교통편의시설 대상종류와 설치기준도 대폭 강화되었다. '국토의 계획 및 이용에 관한 법률 시행령' 제45조 지구단위계획에서는 장애인·노약자 등을 위한 편의시설계획을 수립하도록 하고 있으며, '도시공원 및 녹지 등에 관한 법률 시행규칙'에서는 공원시설의 설치·관리기준에 장애인·노약자·어린이 등을 위해 이용에 지장이 없고 접근이 용이한 구조설계를 지시하고 있다. 2012년부터 시행된 '보행안전 및 편의증진에 관한 법률' 및 시행령, 시행규칙에는 보행자 안전 확보 및 편의증진을 위한 보행로, 공공시설 구조에 대한 기준이 제시되어 있으나 본 법률의 시행규칙과 '교통약자의 이동편의 증진법' 시행규칙의 세부사항이 상당부분 중복되어 있기도 하다.

제정된 법률의 특성을 살펴보면 차량 위주의 교통환경에서 점차 사람 중심의 교통환경을 조성하고, 이동편의시설의 설치 유무는 물론 전체적인 이동동선 확보를 강조하는 방향으로 변화하고 있음을 알 수 있다. 또한 디자인 용어가 언급되지는 않았지만 '보행안전 및 편의증진에 관한 법률 시행규칙'에 교통시설 기준 대상으로 포함되어 있는 차량속도 저감시설, 보행교통섬, 무단횡단 금지시설, 교통안내시설 등과 같은 시설물은 설계 시 디자인과 분리할 수 없는 항목이라 볼 수 있다.

자치법규 중 '유니버설 디자인 조례'를 제정하고 있는 경우는 경기도, 대전시 동구, 제주시 등 3곳이다(2015년 기준). 특히 경기도의 경우, 조례 제정 이전부터 광역 최초로 유니버설 디자인 가이드라인(2011)을 개발하여 실내외 도시공간에 대한 상세한 지침을 제시한 바 있다.

### 안전관리를 위한 정책적 노력

현재 국민안전처에서는 일상에서의 안전의식 강화를 위해 흥미로운 프로그램들을 개발, 운영하고 있다. 생활안전교육 활성화를 위한 안전체험센터 실습, 체험교육 운영 및 가족, 직장, 지역주민 단위의 친화형 생활안전 체험교육을 위한 '행복 프로그램' 등을 실시하고 있으며 사이버 재난안전교육 포털 또한 운영 중이다. 모바일 재난안전정보 포털 앱 '안전디딤돌'의 경우, 11개 기관의 15개 재난안전정보를 통합·연계하여 재난안전정보 서비스를 제공하고 있다. 2014년에는 국민안전의식 제고 및 안전문화 확산을 위해 '안전문화대상 우수사례 공모전'을 개최, 지자체 및 공공·비영리 기관, 민간기업별 안전문화 사례 시상을 통해 안전문화 형성을 독려하였다.

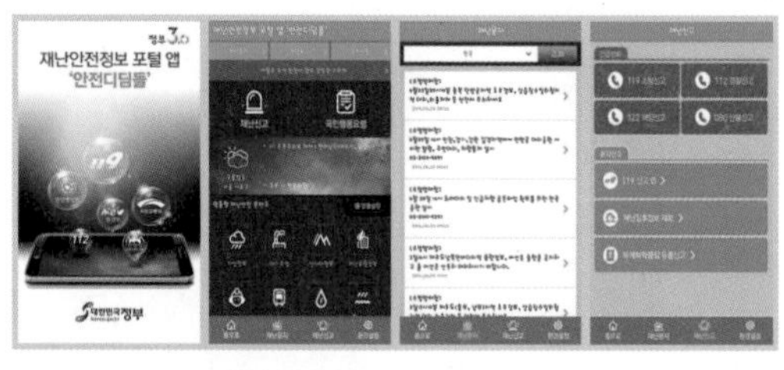

좌. 모바일 재난안전정보 포털 앱 '안전디딤돌' 주요 화면
우. 2014 안전문화대상 우수사례 공모전 사이트

Ref. 2014 안전문화대상 우수사례 공모전 www.safetyculture.co.kr(2014.12)

그 외 도로교통공단에서는 도로교통법에 근거하여 어린이 교통안전과 질서의 조기교육을 위한 '어린이 교통안전교육'을 시행하고 있으며, 경찰청에서는 경찰과 지역사회의 민·경 합동치한 시스템으로서 '아동안전 지킴이집' 서비스를 시행 중이다. 이는 지역 약국, 문구점, 24시 편의점 등이 안전지킴이 역할을 할 수 있도록 지정하여 우수대상에 대해 감사장, 기념품, 신고 보상금 등을 지급하는 정책이다. 또한 경찰청은 학교폭력, 여성폭력, 가정폭력, 아동학대 등과 관련된 상담 및 신고 서비스를 지속적으로 제공 중이며, 행정자치부는 '스마트 안전귀가' 앱 서비스를 통해 목적지와 보호자 연락처 등을 등록하면 사용자의 이동정보를 보호자에게 전달하고 구역정보를 기반으로 주의구역 출입정보 등을 주기적으로 전송해 주는 서비스를 제공하고 있다.

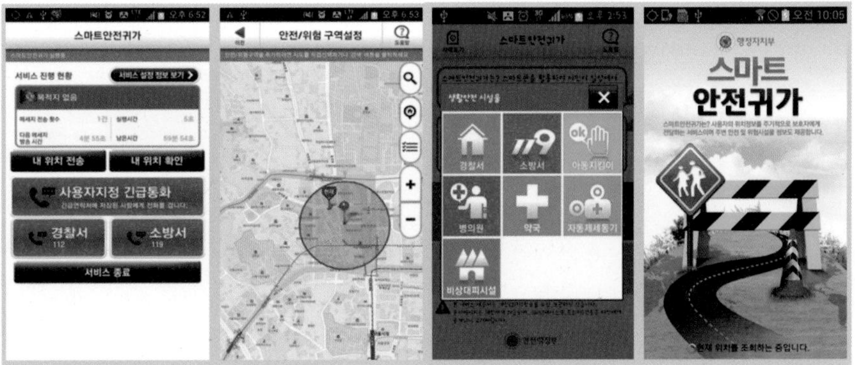


행정자치부 제공 '스마트 안전귀가' 앱 주요 화면

## 도시 안전디자인의 법제화를 위한 이론의 체계화

종합해 보았을 때, 현행 법령에서 안전디자인과 관련된 내용은 범죄예방과 보행편의 등 특정 분야와 관련해 일부 존재한다고 할 수 있다. 특히 자치법규에서 안전도시 조성 및 범죄예방을 위한 도시디자인 조례제정이 증가하고 있다는 점은 도시안전에 대한 디자인의 실효성과 역할이 점차 인정받고 있는 것으로도 해석할 수 있을 것이다. 그러나 CPTED, 유니버설을 제외한 다른 분야, 즉 생활안전이나 교통안전, 화재·재난안전, 식·의약품 및 스포츠 활동안전, 또는 육역 외 공간에서의 안전 관련법에서 안전디자인 역할과 방법은 거의 배제되어 있다. 이는 아마 도시 안전디자인 이론의 체계와 연구의 심도가 하나의 보편적이며 독립된 것으로 발전되지 못한 까닭일 것이다. 따라서 도시 안전디자인의 법제화를 위해서는 전문가들의 지속적인 논의와 합의를 통해 이론을 체계화하는 것이 필요하다. 또한 장기적으로 현행법 중 도시 안전디자인의 개념과 전략을 아우를 수 있는 근거법을 고민해봐야 하며, 단기적으로는 관련 자치법규의 세부규정 구체화를 통해 지역상황에 적용할 수 있는 안전디자인 전략을 개발, 제시해야 할 것이다.

기고문 4.

# 안전운행을 위한 고속도로 공간환경디자인 개선사업

**저자 황인진** | Hwang, In-Jin

현 한국도로공사 설계부 차장
도로기술사 / 국제기술사 / 국제공인VE전문가(CVS)
조선대학교 토목공학과 졸업
한양대학교 공공정책대학원 공공디자인행정전공 졸업
경북대학교 조경학과 박사과정

Ref. 한국도로공사 기술심사처, 「고속도로 공공디자인 개선사업 현황분석 및 기본계획 수립」 최종보고자료, 2011.12.05.

## 과업의 배경

- '자연, 문화, 지역을 연결하는 고속도로' 라는 기본방향을 수립하여 디자인 경영을 추진 중
- '고속도로 공공디자인 중장기 추진계획' 수립으로 시설물에 대한 개선사업이 순차적으로 시행 중
- 공공디자인 개선사업의 효율적인 추진을 위해 디자인 관점에서 고속도로의 현황분석과 개선이 필요

## 과업의 목적

- 고속도로 시설물의 문제점 분석
  -전국 주요도로 공공시설물의 현황 분석을 통해 낙후된 시설물의 현황 파악
- 고속도로 공공디자인 방향 설정
  -노선별, 유형별 공공디자인의 방향 및 디자인 개선사업의 모델 제시
- 기준에 따른 디자인사업 위계 설정
  -디자인 기준에 따른 우선사업 대상지 설정 및 단계별 계획 수립

## 과업대상 : 전국 고속도로 내 모든 공간 및 시설물

- 토목구조물 : 교량, 터널, 사면, 옹벽 등
- 건축물 및 시설물 : 톨게이트, 영업소 등
- 안전·안내시설물 : 도로안내표지판, 안내시설 등
- 공간 및 편의시설물 : 폐도부지, 버스정류장 등
- 기타 시설물 : 공사시설, 임시시설 등

## 과업 수행체계

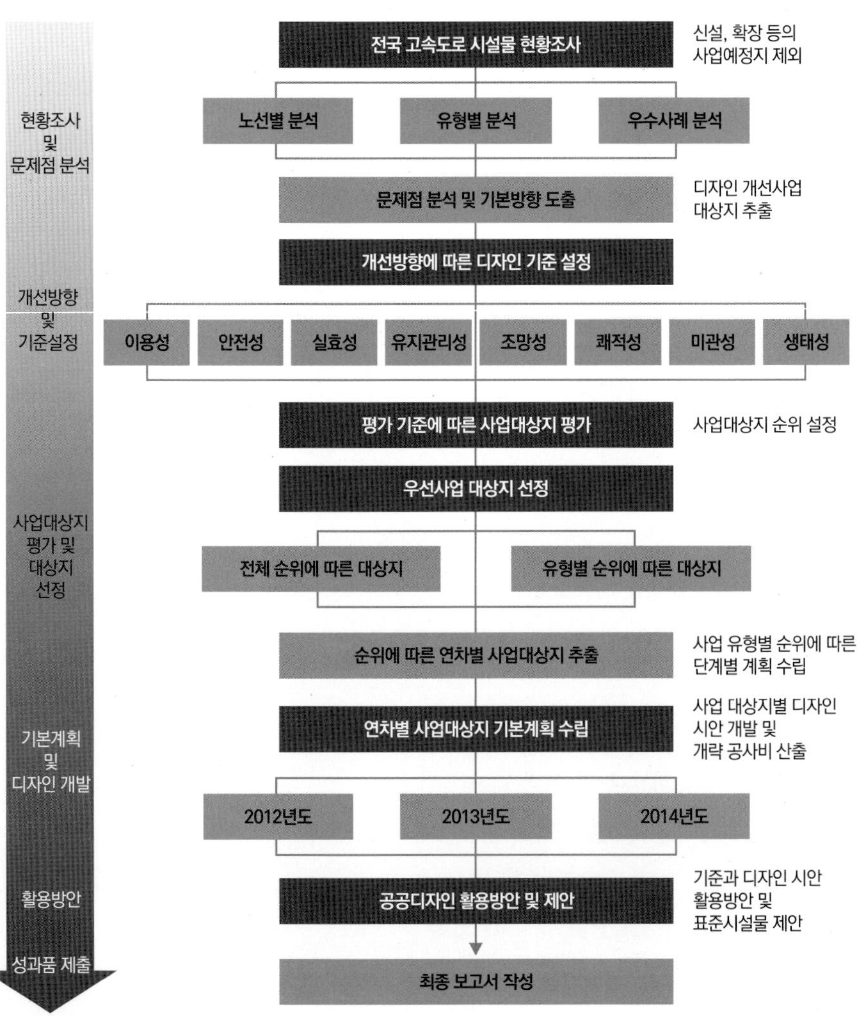
현황조사 및 문제점 분석
개선방향 및 기준설정
사업대상지 평가 및 대상지 선정
기본계획 및 디자인 개발
활용방안
성과품 제출
전국 고속도로 시설물 현황조사
신설, 확장 등의 사업예정지 제외
노선별 분석
유형별 분석
우수사례 분석
문제점 분석 및 기본방향 도출
디자인 개선사업 대상지 추출
개선방향에 따른 디자인 기준 설정
이용성
안전성
실효성
유지관리성
조망성
쾌적성
미관성
생태성
평가 기준에 따른 사업대상지 평가
사업대상지 순위 설정
우선사업 대상지 선정
전체 순위에 따른 대상지
유형별 순위에 따른 대상지
순위에 따른 연차별 사업대상지 추출
사업 유형별 순위에 따른 단계별 계획 수립
연차별 사업대상지 기본계획 수립
사업 대상지별 디자인 시안 개발 및 개략 공사비 산출
2012년도
2013년도
2014년도
공공디자인 활용방안 및 제안
기준과 디자인 시안 활용방안 및 표준시설물 제안
최종 보고서 작성

## 현황분석의 종합

·노선별 분석

| 현황 | | 방향 |
|---|---|---|
| 1. 개통 시기에 따른 고속도로 이미지의 불균형 |  | 불균형 개선을 통해 경관의 **실효성** 증대 |
| 2. 교통 이용량에 따른 시설물 과다설치로 경관 저해 | | **이용성**에 따른 통합, 표준디자인 개발 |
| 3. 지역적 특성을 고려하지 않은 디자인 적용으로 부조화 | | 지역적인 일관성을 구현하여 **조망성** 확보 |

·유형별 분석

| 현황 | | 방향 |
|---|---|---|
| 1. 기능적 측면만 강조하고 있는 구조물과 시설물 |  | 시각적 개선을 통한 **안전성** 확보 |
| 2. 경관적, 시각적 특성을 고려하지 않은 일률적인 디자인 | | 시각적 특성과 조화를 고려한 **쾌적성** 부여 |
| 3. 비효율적 관리에 의한 시설물의 오염 및 파손, 방치 | | 위치, 개수, 규모에 따른 효율적인 **유지관리** |

·국외 우수사례 분석

| 현황 | | 방향 |
|---|---|---|
| 1. 녹지 경관을 접하는 시설물의 녹화 지향 |  | 녹지를 연계한 **생태성** 확보 |
| 2. 형태, 색채, 패턴 디자인의 다양성 제시 | | 다양화, 차별화를 통한 **미관성** 확보 |

## 국외 우수사례 분석결과

·일본

녹화의 연결성 지향 / 디자인의 가능성, 일관성 구현

·미국

지역에 따른 조화성 / 형태, 색채의 미관과 간결성

·유럽

녹지의 연계성 확보 / 디자인의 다양성 제시

## 사업 대상지 선정기준

- 이용성

노선별 통행량에 따른 기준

- 조망성

대상지의 입지, 설치장소에 따른 노출빈도의 기준

- 안전성

고속도로 사용상에 외적 방해요소의 기준

- 쾌적성

대상지의 개수, 규모, 색상 등에 따른 시각적 기준

- 실효성

규모, 공기 등에 다른 실현가능성 및 파급효과의 기준

- 미관성

대상지 및 시설물 자체의 미적 가치에 대한 기준

- 유지관리성

위치, 개수, 규모에 따른 진입, 유지관리의 용이성 기준

- 생태성

시설물과 주변 환경과의 조화에 대한 기준

## 연도별 사업 대상지 분류

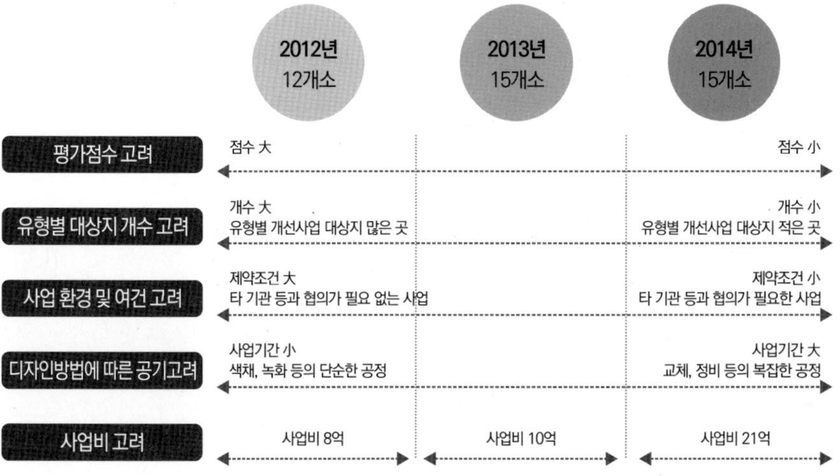

## 연차별 개선사업 방향 및 기본계획

• 1차년도 개선사업

| | |
|---|---|
| 1~2. 소래터널 갱구부 면벽(서울외곽)<br>3. 둔내터널 내부 벽면(영동)<br>4. 염수탱크(영동/207.8)<br>5. 육십령터널 내부 벽면(대전통영)<br>6. 서산, 입장휴게소 주차안내부스<br>7. 경부고속도로 입장휴게소<br>8. 금호분기점(경부)<br>9. 진교터널 갱구부 면벽(남해) | 10. 콘크리트 절토사면(경부/29.6)<br>11. 옹벽(호남/32.4)<br>12. 옹벽(호남/광산나들목)<br><br>12개소<br>총 개략공사비 1,020백만 원 |

• 사업 예시 : 소래터널 갱구부 면벽(서울외곽)

–현황 및 방향

터널 갱구부의 넓은 석재면 노출로 주변 녹지와 부조화 => 주변과 조화를 이룰 수 있는 색채 및 패턴 조성

–디자인 방향성

1) 자연친화적 재료를 입면에 적용하여 녹지와 조화로운 갱구 연출
2) 터널 면벽에 과도한 패턴 디자인 지양
3) 재료의 입체적 마감을 통한 단조로운 입면의 분절 및 변화감 부여

–개략 면적 및 공사비 : 250㎡ x 4개소 = 1,000㎡ / 100백만 원

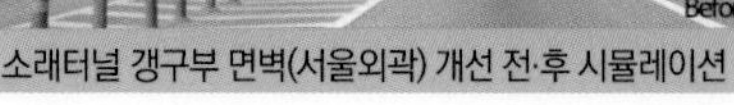
소래터널 갱구부 면벽(서울외곽) 개선 전·후 시뮬레이션

·2차년도 개선사업

| | |
|---|---|
| 1. 콘크리트 옹벽(호남지선/벌곡휴게소 맞은편) | 10. 가림막(남해/122) |
| 2. 콘크리트 옹벽(고창담양/남고창 분기점) | 11. 버스정류소(영동/문막) |
| 3. 콘크리트 절토사면(하동터널 입구부) | 12. 방호벽(호남/39) |
| 4. 콘크리트 절토사면(영동/대관령5터널) | 13. 염수탱크(영동/114.2) |
| 5. 터널관리시설(익산장수/진안3터널 입구부) | 14. 염수탱크(호남지선/33.2) |
| 6. 콘크리트 절토사면(경부/99.8) | 15. 낙석방지책(동해/13.2, 12.8) |
| 7. 횡단교량(영동/만종분기점) | |
| 8. 터널 갱구부(영동/대관령6터널) | 15개소<br>총 개략공사비 1,140백만 원 |
| 9. 가림막(서해안/194.6) | |

·사업 예시 : 옹벽(호남지선/벌곡휴게소 맞은편)

–현황 및 방향

곡선부에 설치되어 위압감과 노출이 높음 => 하부 녹화공간 마련으로 시각적 녹시율 향상, 옹벽 색채계획

–디자인 방향성

1) 식재의 도입으로 주행의 녹지경관을 연출
2) 과도한 디자인을 지양하고 주변 경관과의 조화를 도모
3) 주변의 환경특성 및 경관요소를 고려하여 디자인

–개략 면적 및 공사비 : 1,300㎡ / 150백만 원

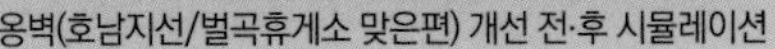
옹벽(호남지선/벌곡휴게소 맞은편) 개선 전·후 시뮬레이션

·3차년도 개선사업

| | |
|---|---|
| 1. 횡단교량(호남/63) | 10. 방음벽(서울외곽/시흥톨게이트 앞) |
| 2. 방호울타리(경부/330.6) | 11. 안내표지판(영동/121) |
| 3. 지명사인(외곽순환/시흥톨게이트) | 12. 염수탱크(영동/147.8) |
| 4. 절토사면(경부/증약터널 진입전) | 13. 염수탱크(영동/209.4) |
| 5. 절토사면(호남지선/31) | 14. 상징교량(제2중부/331.6) |
| 6. 절토사면(중부/상주분기점) | 15. 상징교량(대전통영/함양분기점) |
| 7. 상하행 분리옹벽(영동/이천분기점) | |
| 8. 버스정류소(경부/금곡) | 15개소<br>총 개략공사비 2,370백만 원 |
| 9. 방음벽(경부/251.8) | |

·사업 예시 : 횡단교량(호남/63)

-현황 및 방향

상행과 하행의 강판색이 분리되어 교량의 일체감 결여 => 일관성 있는 색채계획으로 중압감 완화

-디자인 방향성

1) 주변과 조화되는 색채 적용
2) 위압감을 줄이는 밝은 색의 도입으로 안정감 유도

-개략 면적 및 공사비 : 250㎡ / 40백만 원

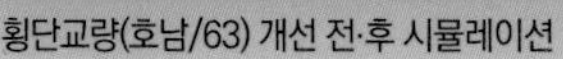
횡단교량(호남/63) 개선 전·후 시뮬레이션

## 공공디자인 개선사업의 활용방안

1 **전 고속도로 구간의 공공디자인 실태 파악을 위한 기초자료로 활용** ← 현황조사 및 분석내용 적용
향후 고속도로 공간 및 시설물 공공디자인 개선사업 시 기초자료로 활용하고 통합적 관리체계를 위한 기틀 마련

2 **디자인 가이드라인 및 매뉴얼의 실효성 검토자료로 활용** ← 연도별 디자인 기본계획 적용
기 연구된 자료를 바탕으로 직접적 연출을 통하여 실현가능성과 디자인의 적절성을 검토

3 **시설물 유형별 특성에 따른 표준화 개발의 활용** ← 유형별 분석 및 표준화 시설물 계획 적용
시설물 유형별 분석을 통해 최적의 디자인 방법 도출 및 유형별 표준안 개발에 근거 마련, 표준도/설계편람에 적용

4 **고속도로 공공디자인 사업 대상지 평가의 척도로 활용** ← 우선 사업 대상지 선정기준 적용
각 지역본부, 지사에서 개선사업 시 사업지에 대한 평가 및 우선사업 선정의 기준으로 활용, 자체 검토 가능

5 **고속도로 공공디자인 자문 또는 심의기준으로 활용** ← 선정기준 및 디자인 기본계획 적용
심의대상인 시설물 또는 자문대상 시설물의 경우 자문 또는 심의의 기준으로 활용, 체크리스트 적용

6 **고속도로 공공디자인의 방향 설정의 기틀 마련** ← 디자인 개선사업의 방향 및 연도별 계획 적용
본 과업의 결과물을 바탕으로 고속도로 공공디자인의 기본방향과 목표 설정에 활용

## 시설물 표준화 개발

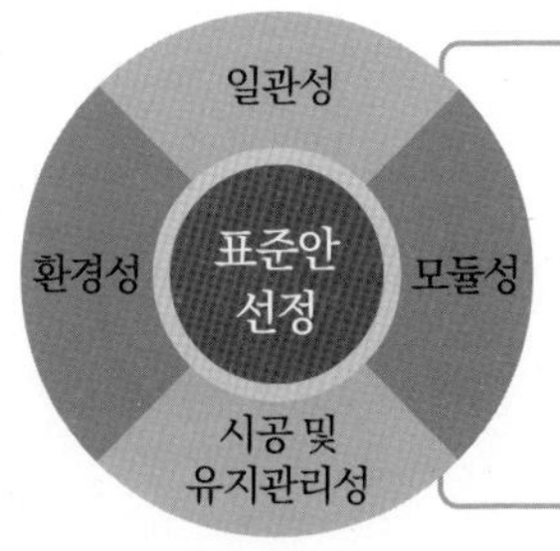


▷ 시인성을 위하여 일관성 있는 기준 적용이 필요한 시설물

▷ 지역과 환경에 영향을 받지 않는 시설물

▷ 비교적 제작과 설치, 유지관리가 용이한 시설물

▷ 유형별 동일한 디자인 요소 및 방법이 적용 가능한 시설물

▷ 유형별 동일한 모듈로 디자인할 수 있는 시설물

## RELATED NEWS

# 2015년 4월, 국민안전문화협회 출범

국민안전문화협회 출범식 대표 참석자들

2015년 4월 12일, 국회 헌정기념관에서 국민안전처 사단법인 1호인 '국민안전문화협회'가 출범했다. 해당 단체는 본격적인 안전사고 예방활동을 목표로 국민안전처, 서울시 소방재난본부와 함께 '안전한 대한민국, 행복한 대한민국'을 슬로건으로 내세우고 있다. 출범식에는 정의화 국회의장, 박원순 서울시장, 노웅래, 이노근, 민병주 의원 외 다수의 국회의원들과 안전에 관련된 국가부처 주요 기관장, 시민단체 대표 등 250여 명이 참석하였다. 이외에도 탤런트 이종원, 김형일, 개그맨 김한석, 류담, 박준형, 졸탄, 신고은, 추대엽, 최국, 성우 안지환, 아나운서 한석준 씨 등 40여 명의 방송 관계자들이 참석했으며 이들은 향후 홍보대사로도 활동하게 될 것이다. 국민안전문화협회 대표로서 MBC 개그맨이자 상상나눔시어터 대표인 서승만 씨는 "'생활이 안전이고, 안전이 생활인 사회'를 만들기 위해 본 단체를 통해 각종 문화를 이용한 콘텐츠를 개발하여 국민의 안전에 이바지할 계획이다."라고 소회를 밝혔다.

# 뮤지컬로 배우는 어린이 안전교육

뮤지컬이 끝난 후 배우들과의 사진촬영

**뮤지컬 〈노노 이야기〉**

엄마 말을 잘 안 듣는 노노는 잔소리가 듣기 싫어서 엄마가 없어져 버렸으면 좋겠다는 생각을 하게 된다. 그 생각을 알게 된 심술 마법사는 노노의 엄마를 데리고 사라진다. 그 이후 노노는 각종 사고에 노출된 채 엄마 없는 하루를 보내게 된다. 객석에 앉아 있던 아이들은 노노의 이야기를 통해 생활 및 교통사고에 대한 경각심을 갖게 된다. 배우들과 호흡도 맞추고 즐겁게 웃으면서 사고예방에 대한 교육을 받게 되는 것이다.

국내 최초 어린이 안전사고 예방 뮤지컬 〈노노 이야기〉는 개그맨 서승만 씨에 의해 제작되어 2005년 첫 공연 이후 현재까지 10년 이상 전국 순회공연을 이어오고 있다. 안전교육에 재미를 더해 아이들이 쉽게 이해할 수 있도록 아동심리학자 및 관련분야 전문가와 함께 연구하여 아이들이 좋아하는 단어와 웃음코드를 절묘하게 배치하였다. 주인공 '노노'라는 이름은 교통사고가 절대로 일어나서는 안된다는 의미에서 'NO'를 두 번 넣어 강조한 것이다. 교육적인 메시지를 분명하게 전달하고 자주 보더라도 신선한 느낌을 받을 수 있도록 대사 및 정부 지침에 따른 교통안전교육의 변화된 흐름을 지속적으로 반영, 업그레이드 하고 있다. 이를 통해 교통안전교육 효과뿐 아니라 일정 수준의 작품성 또한 유지하고 있다.

제작자 **서승만** | 현 국민안전문화협회 회장
MBC 개그맨 / 상상나눔시어터 대표
국민대학교 대학원 영상미디어학과 겸임교수
행정안전부 홍보대사
남북의료협력재단 홍보대사 겸 이사

WRITING STAFF
PUBLISHING INFORMATION

PROLOGUE 도시요소의 정온화를 통한 안전도시를 바라며

**정규상** 현 협성대학교 예술대학 시각디자인과 교수
(사)한국도시설계학회 홍보 안전디자인연구회 위원장
(사)한국공공디자인학회 부회장
일본애지현립예술대학원 석사
국토부 신도시 자문위원
해수부 해양정책 자문위원
서울시 시민디자인위원회 위원
경기도 공공디자인위원회 위원
인천광역시 공공디자인위원회 위원
행복청 총괄자문단 자문위원
디자인으로 바라보는 바다이야기 해양공간디자인(미세움) 공동저자
–
Mobile. 010.2206.9489
E-mail. proff@korea.com

#1. 파주시 범죄예방 도시설계 디자인을 위한 기본 가이드라인

**김승희** 현 파주시청 도시개발과 도시디자인팀장
–
TEL. 031.940.5378
E-mail. somi99@korea.kr

#2. 경기도 내 보도육교에 대한 안전디자인

**채완석** 현 경기도청 건축디자인과 공공디자인팀장
전 한국국제대학교 디자인학부 교수
–
TEL. 031.8008.2780
Mobile. 010.4140.0282
E-mail. staff21@gg.go.kr

#3. 용인시 주차구역 표시를 위한 디자인 가이드라인 개발

**배임선** 현 용인시청 도시디자인담당관 공공디자인팀장
경기도 및 시군 디자인제안서 평가위원 역임
강남대학교 교육대학원 등 13개교 외래교수 역임
–
TEL. 031.324.3823
E-mail. eimsunb@korea.kr

#4. 북유럽 자전거 길_ 자전거를 안전하게 즐기는 방법

**윤정우** 현 (사)한국도시설계학회 홍보 안전디자인연구회 위촉전문위원
한양여자대학교 산학협력단 창의기술연구소 선임연구원
프롬나드 연구소 연구원
전 도시디자인 전문직 공무원
국토연구원 도시연구원
서울대학교 협동과정 조경학 도시설계전공 공학박사
–
Mobile. 010.6640.2046
E-mail. yoonjw80@naver.com

#5. 민관 협력 네트워크 구축을 통한 '안심마을 표준모델 시범사업'_ 경남 거창군 북상면

**오기수** 현 경상남도 거창군청 기획감사실 공보담당 주무관
한양대학교 공공디자인 석사
–
TEL. 055.940.3045
Mobile. 010.8971.3661
E-mail. oks1972@korea.kr

#6. 안전한 보행환경과 상권 활성화를 위한 구미시 문화로 디자인거리 조성사업

**김영훈** 현 구미시청 건설도시국 도시디자인과 주무관
영남대학교 미술디자인학과 박사과정
한국색채학회 회원
영남대 디자인대학 출강(2011.03 ~ 2012.08)
–
TEL. 054.480.5603
Mobile. 010.8852.3979
E-mail. hoony3979@korea.kr

#7. 지역환경 개선을 위한 CPTED_ 시흥시 정왕동 '노란별길'

**신재령** 현 시흥시청 도시교통국 경관디자인과 도시디자인팀장
디자이너
컬러리스트
–
TEL. 031.310.2367
Mobile. 010.5245.5742
E-mail. land0430@korea.kr

#8. 해양과 안전디자인

**임현택** 현 4·16세월호 특별조사위원회 기획행정팀장
고려대 행정학과
제38회 행정고시
미국 콜로라도 주립대 행정대학원 석사
해양수산부 장관비서관 UNESCO 해양과학위원회파견 해양환경정책과장
국토해양부 홍보담당관 도시광역교통과장
–
E-mail. tosea21@hanmail.net

#9. 범죄예방을 위한 공원의 CPTED 적용방안

**이형복** 현 대전발전연구원 책임연구위원 / 도시안전디자인센터장
일본 국립오이타대학원 공학박사
(사)도시안전디자인포럼 사무처장
KACE 학교안전컨설턴트
산업통상자원부 지식경제 R&D 평가위원
한국장애인고용공단 인증심의위원
–
TEL. 042.530.3568
E-mail. oitalee@djdi.re.kr

#10. 전북 익산시의 자치안전 프로그램, 범죄안전디자인

**박 신** 현 익산시청 도시개발과 도시경관계 시설6급
조달청 기술평가 심사위원
(사)한국공간디자인협회 이사 및 중부지회장
외교부소관 국제디자인교류재단 전문위원
전 한양대학교 디자인대학 겸임교수 역임
-
TEL. 063.859.5515
Mobile. 010.6647.0505
E-mail. art0404@korea.kr

#11. 산업안전디자인, 범죄예방디자인 용역사례

**이백호** 현 울산시청 도시창조과 공공디자인 담당 사무관
공학박사
-
TEL. 052.229.4880
Mobile. 010.7243.3221
E-mail. bhlee317@korea.kr

**김아람** 현 울산시청 도시창조과 주무관
-
TEL. 052.229.6543
E-mail. alkim87@korea.kr

#12. 보행안전디자인_ 보행자를 위한 걷고 싶은 거리

**서희봉** 현 김포시청 도시개발국 도시계획과 주무관
일본타마미술대학원 그래픽디자인 석사
건국대학교 대학원 산업디자인전공 박사 수료
-
TEL. 031.980.2356
E-mail. ahosang21@korea.kr

#### #13. 우범지역 환경개선_ 희망길 조성사업

**신혜정** 현 대구광역시 중구청 도시관광국 도시경관과 주무관
–
TEL. 053.661.2818
Mobile. 010.2934.9599
E-mail. movingstar@korea.kr

#### #14. 해양 안전디자인

**박춘석** 현 포항시청 건설안전도시국 도시재생과 임기제시설6급
서울과학기술대학교 NID융합대학원 박사과정
–
Mobile. 010.5598.8052
E-mail. venti2@hanmail.net

#### #15. 춘천, 모두를 위한 안전공간 만들기 프로젝트

**박재익** 현 춘천시청 건설국 경관과 디자인담당 팀장
대한민국 디자인전람회 추천 디자이너
–
TEL. 033.250.4702
E-mail. jaxk@korea.kr

#16. 걷고 싶은 도시, 안전도시를 위한 공공시설물

**박재호** 현 서울시청 도시공간개선단 공공시설디자인팀 주무관
디자인학 박사
(사)국제디자인교류재단 공공정책위원
(사)한국디자인학회 정회원
–
TEL. 02.2133.7612
E-mail. jaehopark@seoul.go.kr

#17. 주민이 만들고 지키는 생활환경의 안전

**정수진** 현 수원시정연구원 도시디자인센터장
서울대학교 공학박사
–
TEL. 031.220.8031
E-mail. i_scape@suwon.re.kr

#18. 도시 안전디자인 관련법과 정책 현황

**신서영** 현 (사)한국도시설계학회 홍보 안전디자인연구회 연구원
(주)SEDG 산업공간디자인기술연구소 선임연구원
국민대학교 테크노디자인전문대학원 디자인학 석사
디자인으로 바라보는 바다이야기 해양공간디자인(미세움) 공동저자
–
TEL. 02.529.2870
E-mail. greenice99@naver.com

SUPPLEMENT 1. 다중이용시설 안전을 위한 안내정보디자인

**장영호** 현 서울특별시 도시공간개선단 공공시설디자인팀장
한양대학교 공공정책대학원 겸임교수
건축학 박사
(사)한국공간디자인단체총연합회 상임이사
(사)국제디자인교류재단 공공정책위원장
–
E-mail. nagoyajang@seoul.go.kr

SUPPLEMENT 2. 안전디자인 아젠다(Safety Design Agenda)

**이현성** 현 (사)한국도시설계학회 홍보 안전디자인연구회 부위원장
서울과학기술대학교 디자인학과 겸임교수
한국디자인진흥원 국내우수디자인인증(GD) 심의위원
서울시 공공디자인 초청작가
서울대학교 도시설계 박사과정
MA, Landscape Urbanism, KINGSTON University, London, UK
SEDG 공동대표
–
TEL. 02.529.2870
Mobile. 010.4767.3290
E-mail. armula@gmail.com

SUPPLEMENT 3. 안전을 위한 더 나은 공공공간

**장진우** 현 수원시청 전략사업국 도시디자인과 도시디자인팀장
일본 교토시립예술대학 환경디자인 박사
전 일본 경관공학연구소
일본 URBANGAUSS 연구소
–
E-mail. jjang2044@korea.kr

SUPPLEMENT 4. 안전운행을 위한 고속도로 공간환경디자인 개선사업

**황인진** 현 한국도로공사 설계부 차장
도로기술사
국제기술사
국제공인 VE전문가(CVS)
조선대학교 토목공학과 졸업
한양대학교 공공정책대학원 공공디자인행정전공 졸업
경북대학교 조경학과 박사과정
–
TEL. 010.3459.3727
E-mail. hij3727@naver.com

PUBLISHING INFORMATION

초판 1쇄 발행 2015년 06월 10일

펴낸이 강찬석

펴낸 곳 도서출판 미세움
(150-838) 서울시 영등포구 도신로51길 4
TEL. 02.703.7507
FAX. 02.703.7508

출판등록 제313-2007-000133호

홈페이지 www.misewoom.com

진행 (사)한국도시설계학회 홍보 안전디자인연구회

편집/디자인 신서영

ISBN 978-89-85493-95-6 93540

정가 15,000원

이 도서의 국립중앙도서관 출판예정도서목록(CIP)은 서지정보유통지원시스템 홈페이지(http://seoji.nl.go.kr)와 국가자료공동목록시스템(http://www.nl.go.kr/kolisnet)에서 이용하실 수 있습니다.
CIP제어번호 : CIP2015013575